이 땅의 수학에 책임 있는 어른들에게

착각으로 수학을 망친다면 너무 억울하다.
착각이 있다면 올바른 공부도 있다.

수학을 공부하고 있다는 착각

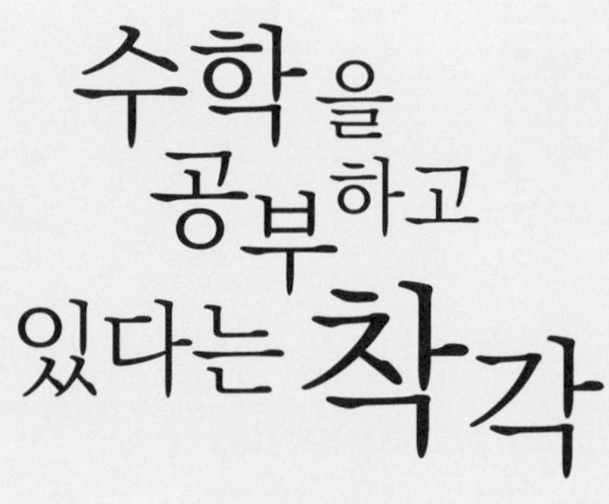

| 조안호 지음 |

POLIVERSE

목차

contents

프롤로그

이제 수학교육자가 아니라 모두가 나서야 한다. 12

1부 전문가들의 착각 22

1-1. 수학교육 전문가는 없다.

<팁 1> 칠면조의 양 끝단을 자르는 이유는 무엇일까?

1-2. 전문가의 역설

<팁> 누구의 잘못이 가장 클까?

1-3. 가르치려는 지식이 객관적인 실험의 결과인가를 보라.

<팁> 이케아 효과(Ikea Effect)

1-4. 수학교육의 가장 안전한 길은 정의대로 가르치는 것이다.

<팁> 수학에서의 개념

1-5. 심화와 선행을 두고 싸우지 마라.

<팁> 교과서나 선생님들은 왜 개념이 없을까?

2부 학부모들의 착각

2부 학부모들의 착각 90

2-1. 학부모들은 전문가들에 의해 설정당했다.

<팁> 긍정적인 것과 낙천적인 것은 다르다.

2-2. '초중등 성적을 위해서 한 방법들'이 세뇌되어, 고등수학을 망친다.

<팁> 들쥐들의 급사

2-3. 공부는 아이가 한다.

<팁> 아이에게는 변화의 기회를 주고, 주변의 사람들도 변해야 한다.

2-4. 모든 솔루션 교육은 잘못된 것이다.

<팁> 연산의 도구화를 위한 목표

2-5. 보통의 아이를 영재로 만들기

<팁> 나는 4명을 가르치나 400명을 가르치나 똑같다.

목차

3부 학생들의 착각 158

3-1. 학생이 학부모에게 가장 많이 시키는 설정: '능력은 되는데 게으르다.'

<팁> 누군가 믿어준다면, 수학이 될까?

3-2. 배우는 어려움보다 안 배우거나 못 배워서 받는 고통이 더 크다.

<팁> 몸에 힘을 빼기 위해서는 먼저 몸에 힘이 들어가 있어야 한다.

3-3. 본능이 오류를 만든다.

<팁> 인지부조화

3-4. 새롭거나 어려운 것은 한꺼번에 많은 것을 공부하지 마라.

<팁> 한우도 각 부위의 맛이 다르듯이, 수학도 각 영역의 성격이 다르다.

3-5. 인쇄된 것은 무조건 맞다는 착각을 버려라.

<팁> 세계 최고의 교육은 도제교육

contents

4부 올바른 교육을 하고 있다는 착각 202

4-1. 완전학습에 대한 착각

<팁> 수학교육을 하고 있다는 착각

4-2. 교과서를 만든 구성주의자들의 착각

<팁> 지금 수학교육에서 필요한 것은 심리학이 아니라 논리학이다.

에필로그

당신은 아이들의 올바른 수학교육을 위해 무엇을 하였나요? 238

이제 수학교육자가 아니라
모두가 나서야 한다.

prologue

초등 학부모들의 약 63%는 자녀가 자신의 학창 시절에 비해서 수학을 잘한다고 생각한다.

학부모의 생각에 자신이 배웠던 것보다 문제집이나 학습지를 통해 내 아이에게 엄마표나 학원 등으로 월등히 많은 것을 가르쳤다. 학부모 자신은 학창 시절 수학을 포기하였지만, 초등인 자녀가 수학시험에서 90점, 100점을 받으면 대견하기만 하다. 전문가들이 수포자가 80%에 이른다며 위기의식을 불러일으키지만, 초중등의 학부모들에게 위기라고까지는 인식되지 않는다. 막연하게나마 나중에 수학이 어려워지는 것이 두렵지만, 하나하나 잘만 이끌어주면 내 아이를 수학을 잘하는 아이로 만들 수 있다는 희망이 보였기 때문이다. 초중등 학부모들에게 수포자의 경고는 귀에 들어오지 않는다. 수학이 어려워지면 기본을 더 충실히 해야 한다는 말을 무시하고, 심화와 선행에만 올인한다. 부모가 자신의 자녀에게 희망을 갖고 가르치는 것이니 권장할 만한 일임은 분명하지만, 기본을 충실히 하지 않으면 그 결과는 항상 좋지 않다. 통계가 말해주는 위기 경고를 전문가들만 받아들이고, 정작 초중등 학부모들은 내 아이가 수포자가 될 것이라고는 생각하지 않는다.

수학교육의 위기를 위기로 받아들이지 못하면 어떤 일이 벌어지는가?

첫째, 위기로 받아들이지 않으면 근본적인 위기의 원인을 찾지 못한다.

둘째, 진단이 잘못되었으니 처방이 잘못된다.

셋째, 하던 것을 좀 더 많이 한다.

넷째, 많이 해도 안 되니 불가항력으로 돌린다.

위와 같은 순서로 대부분의 학생들이 수포자로 이행된다. 그러니 위기일 때, 위기임을 인식해야 한다. 예를 들어 만약 어느 날 팔이 가렵다면 긁는 것이 인지상정일 것이다. 긁어서 가려움이 사라진다면 아무 문제가 없다. 그러나 긁어도 긁어도 가려움이 가시지 않는다면, 원인을 알기 위해서 생각해 보고 의사와 같은 전문가를 찾아가야 할 것이다. 정상적으로 전문가를 찾아가서 처방과 진료를 받고 낫는다면 환자나 보호자의 역할이 끝났을 수도 있다. 그러나 치료를 받고도 여전히 가렵다면 환자나 환자의 부모는 이제 위기임을 깨닫고 근본적인 원인을 생각해야 한다.

우선 전문가가 올바른지를 판단해야 한다. 만약 누군가가 가려우면 손이 아니라 효자손이나 좀 더 강력한 도구로 긁어야 한다고 할 때, 사이비 전문가임을 알아야 한다. 계속 다른 전문가들로부터 올바른 원인을 찾기 위한 노력을 지속하는 것이 맞다. 그러나 여러 전문가들의 진단과 처방을 모두 시행해 보아도 안된다면, 이제 전문가들만을 믿을 수는 없는 상태임을 알아야 한다. 여기까지 했는데도 안 된다면 어쩔 수 없는 것이 아니냐고 할지도 모르겠다.

내 아이는 목숨과 같이 소중하니 안 되면 세상을 바꾸자!

이리저리 해보다가 안 되면 할 수 없다고 포기하기에는 내 자식이 너무도 소중하다. 세상을 바꿔서라도 제대로 가르치고 싶다는 학부모들이 많을 것이다. 물론 학부모로서는 처음으로 자녀를 한둘 키워가는 입장이고 많은 학생들을 가르쳐 본 전문가들의 말을 반박할 위치에 있지 않아서 무조건 믿는 것이 상책인 것처럼 보인다. 40~50년 살다 보면 내가 아무리 아니라고 우겨도 세상은 통계대로 간다는 것을 느낄 것이다.

지난 70여 년간 수학교육자들이 독자적으로 전문성을 인정받으며 수학을 가르쳐 온 결과 80%의 학생들이 수포자가 되었다. 명백히 수학의 실패이고 수학교육자의 실패이다. 수학교육자는 위기와 그 책임을 통감하고, 권위를 내세워서 문제를 독점하기보다 널리 가능성을 열어야 한다. 현재 수학교육의 실패가 수학교육자의 문제만은 아니다. 수학교육자만의 문제가 아니라고 하는 순간 막막함이 있겠지만, 우리의 미래이고 소중한 아이를 위해 어떻게든 해결책을 찾아야 한다.

수학의 위기를 공동체가 대처하는 방법

수학의 위기는 개인들의 위기를 넘어 공동체의 문제이다. 공동체의 문제 해결에 대한 유사한 사례가 있다. 바로 지구온난화의 문제로, 인류가 이 문제에 대처하는 과정을 보면 도움이 될 것 같다.

첫째, 지구의 온난화는 기후의 위기이니 기후학자들의 몫이라고 생각하는 사람들은 없을 것이다. 왜냐하면 그 파장이 전 인류의 생존에 미치고 해결 과제가 기후학자가 감당할 수 없는 것이기 때문이다. 수학교육자들의 주도로 지난 70년간 실패했으니 수학의 위기를 수학교육자들만의 전유물이라는 인식을 버리고, 이제 각계의 다양한 의견들을 표출해야 한다. 그동안 수학자나 다른 분야의 전문가들이 의견을 제시할 때, 수학교육자들은 이론이 아니라 '직접 아이들을 가르쳐야'하는 교육의 전문성을 인정해야 한다는 배타적인 입장이었던 것이 사실이다.

둘째, 가장 먼저 문제의 근본 원인을 찾아야 한다. 근본 원인을 찾으면 어떻게든 해결책이 나오겠지만, 난제일수록 쉽지가 않다. 지구온난화의 경우 전문가적 지식이 진실을 찾는데 오히려 방해가 되었다. 지구의 기후를 모두 조사해 보니 가장 드라마틱하게 올라간 시기도 1도가 올라가는 데 4000년이 걸렸었다. 최근의 기후가 1도 올라가는 데 200년 밖에 안 걸리는 현상을 지구온난화라고 부른다. 지구의 기후가 1도가 올라가려면, 원자폭탄이 1초에 4개씩 200년 동안 지속되어야 한다고 한다. 이런 전문가적 진실을 바탕으로 물리학자들도 인간의 활동으로 지구온난화가 일어났다고 보기 어려워서 다른 생물이나 태양의 활동 등을 계속 의심했던 것이다. 결국 끊임없이 원인을 탐구하여 지구온난화가 인간의 탄소배출 탓이라는 것을 아는 데 30년이 걸렸다. 어렵더라도 수학교육 실패의 근본적인 원인을 찾아가야 한다. 그렇지 않으면 앞으로 70년이 더 흘러도 같은 실패를 반복할 것이다.

셋째, 원인을 찾았다 해도 해결책에는 돈 문제가 걸릴 것이다. 지구온난화의 원인이 인간의 탄소배출 탓이라는 것을 알았지만 각국의 탄소배출권이 다시 문제가 되었다. 수학교육 실패의 원인이 밝혀진다 해도 아마 기존의 이권사업들 때문에 표류할 가능성이 높다.

필자는 지난 27년간 아이들을 가르치면서 수학성공의 모델을 만들려고 노력하였다. 결과적으로 전문가들이 갖는 함정을 피하기 위해, 첫째 학습지, 학원, 과외, 홈스쿨 등의 다양한 현장에서 가르쳤다. 둘째, 당연하다는 느낌을 벗어나기 위해서 각각을 실험하였다. 셋째, 수학을 잘하기 위한 기본이 무엇인가를 탐구하고 데이터를 수치화하려고 하였다. 이제 나름대로 수학교육의 정의를 만들었고, 가까스로 수학 실패 원인을 직관적으로 논하는 수준이 되었다.

지구의 온난화가 직관적으로 인간의 탓임을 아는 것이 어렵지 않았을 것이다. 그럼에도 모든 사람의 동의와 협력을 이끌어 내려면 과학적인 데이터가 필요해서 각계 많은 사람들의 노력이 필요했고 30년의 시간이 걸렸다고 본다. 이 책에서 필자 나름대로 수학 실패의 원인과 수학교육의 모델을 제시할 것이다. 이 졸작을 보고 힘을 얻어 각계의 전문가나 일반 학부모가 겸양을 벗고 목소리를 분출하여 우리나라 수학교육을 올바른 길로 인도하는 계기가 되었으면 좋겠다.

전문가들의 착각

1-1. 수학교육 전문가는 없다.

1-2. 전문가의 역설

1-3. 가르치려는 지식이 객관적인 실험의 결과인가를 보라.

1-4. 수학교육의 가장 안전한 길은 정의대로 가르치는 것이다.

1-5. 심화와 선행을 두고 싸우지 마라.

1부
전문가들의 착각

전문가란 어떤 협소한 일에 오랫동안 깊이 있게 연구했기에 자칫 기피의 대상이 될 수 있다. 교육전문가가 경험과 느낌만으로 가르치고 있다면, 실패하고 있는 중이다.

1-1. 수학교육 전문가는 없다.

어떤 일을 오래 했다고 그 일에 대한 전문가라고 할 수는 없다. 예를 들어 필자는 50년 넘게 세수의 경험을 했지만, 관련 지식도 없고 올바른 세안의 방법을 모르기에 세수에 관한 전문가라 할 수 없다. 마찬가지로 학원이나 학습지를 10년, 20년 동안 운영해서 상당한 지식과 경험을 쌓았다 해서 곧바로 전문가로 인정하기는 어렵다.

그러나 국어사전에 의하면, 전문가는 '어떤 분야를 연구하거나 그 일에 종사하여 그 분야에 상당한 지식과 경험을 가진 사람'이라고만 되어 있다. 상당한 지식과 경험만 있으면 올바른 지도방식의 존재와 성공의 유무와도 관계없이 전문가이며, 이를 기준으로 하면 우리나라의 수학교육 전문가는 너무도 많다.

일례로 대부분의 학부모는 수학교육전문가가 되기에 차고 넘친다. 자녀의 수학공부를 위해 수학교육 관련 유튜브의 강의를 모두 들었고, 동네 좋은 학원을 찾기 위해 발품을 아끼지 않았으며, 옆집의 학부모와도 충분한 의견을 교류했으며, 얻은 지식들을 학생에게 하나하나 적용했다. 이런 작업을 10년 넘게 한 학부모는 모두 위 조건대로라면, 상당한 지식과 경험을 가졌으니 전문가이다. 우리나라는 자녀를 한둘 키운 학부모는 물론이고 좋은 대학을 간 학생들조차도 스스로 전문가임을 자칭하고 이런저런 자리에서 수학을 코칭한다. 심지어는 자녀 하나를 키워가면서도 유튜버나 블로거로서 남에게 솔루션을 제공한다. 그러니 수학교육 전문가의 자격을 좀 더 엄격히 하지 않으면, 잘못된 수학 상식이 판치게 되어 문제를 더 복잡하게 만든다.

많은 경험이나 실험을 통하여 만들어지는 오류를 스스로 벗어나는 사람도 있지만, 많은 경우 역으로 주어지는 환경에 적응하여 오류가 굳어지는 전문가들도 많다. 특히 오랫동안 학생들을 가르치면서 오류를 만들어 온 분들은 그 파급력이 커서 위험성이 더 크다. 그래서 올바른 수학교육 전문가의 조건을 필자가 규정해 보려고 한다.

첫째, 연산, 개념 그리고 논리를 가르칠 만한 지식과 기술을 갖추었는가?
둘째, 올바른 판단을 내릴 수 있을 만큼 충분한 지식과 경험을 갖추었는가?
셋째, 머리가 보통 이하인 아이들을 직접 10년 이상 가르쳐서 수학을 성공시켰는가?
넷째, 수학성공을 반복하여 시킬 수 있는 원칙을 갖고 있는가?

위 기준을 엄격하게 적용하면, 수학교육 전문가는 전 세계적으로 영역을 넓혀도 찾기가 어려울 것이다. 왜냐하면 전세계적으로 수학교육을 성공시킨 나라가 없기 때문이다. 만일 핀란드이든 이스라엘이든 수학교육이 성공하였다면, 그 교육을 수입해 와야 한다. 이들 나라가 성공하지 않았다는 말은 그동안 실패를 계속하고 있으며 지금도 실험 중이란 말이 된다. 결국 공식적으로 성공한 수학교육 전문가는 존재하지 않으며, 성공하지 못했다면 어찌 전문가라 할 수 있겠는가? 그래서 필자는 눈높이를 낮추어서 "보통인 아이를 한 명이라도 10년 이상 '의도적으로' 가르쳐서 성공시킨 수학 선생님"이 있다면 그 선생님을 찾아가라고 한다. 보통의 한 학생이 성공했다면 거기에 길이 있고, 그 길을 의도적으로 보낸 선생님이라면 보통의 학생은 모두 성공시킬 수 있다. 그 길은 보통 이하의 학생들은 어려울 수도 있지만, 당연히 보통 이상의 대다수 학생들은 모두 갈 수 있다.

필자가 과문한 탓인지, '보통인 아이를 의도적으로 성공시킨 선생님'을 찾을 수 없었다. 오래 가르쳐서 학원경영 노하우가 쌓였지만, 보통인 아이를 성공시킨 경험이 없다면 전문가가 아니다. 좋은 대학을 보낸 아이들이 영재나 천재라서 가르치는 사람이 좀 부족해도 된다면, 보통의 아이들에게 그 길을 신뢰하며 가라고 하기는 어렵다. 보통의 아이란 아이큐가 90~120정도로, 선생님이 연산과 개념을 가지고 집요하게 논리를 전개하도록 가르치기를 10년 이상을 해서 성공까지 해야 하니 당연히 어렵다. 어려우니까 세계적으로 성공한 경우가 없는 것이지만, 금쪽같은 내새끼의 일이니 어떻게든 해내자는 것이다. '보통인 아이에게 수학을 가르쳐서 의도적으로 성공시키는 길'을 만드는 것이 이 책의 목표이고 필자의 마지막 소명이다.

보통인 아이들을 가르쳐서 수학을 잘하게 하는 방법을 모른다는 것은 역으로 많은 선생님들이 잘못된 방법으로 가르친다는 말이고 효과가 없다는 말이다. 책이나 유튜브, 블로그 등을 통해서 '수학을 잘하게 만드는 법'을 찾아봤으나 어디에도 없었다. 그렇다면 수학을 공부하는 지침서나 이정표도 없이 학부모들이 아이의 수학을 가르치는 것이다. 초중등에서 아이들이 어렵다는 말이 나오면 학부모는 두려움을 넘어 공포를 느끼게 된다. 수학을 잘하게 하고 싶은 부모들이 유튜브 등을 통해서 다음과 같은 말을 듣는다.

"20년간 가르쳐 봤더니 결국 수학적 감각이 있는 아이들이 잘하더라."
"수학 잘하는 아이들은 이렇게 공부한다."
"수학공부 잘하는 아이들의 7가지 특징"

위의 말들의 공통된 특징은 '선생님의 의도'가 결여되었다는 것이다. '20년간 열심히 가르쳤지만 결국 머리가 좋은 아이들이 잘하더라.'는 말은 팩트에 기반한 진정성 있는 말이며, '보통인 아이들을 단 한 명도 올려본 적이 없다는 것'을 자인하는 말이다. 또 '오랫동안 가르쳐보니 호기심이 많고 2시간 이상 집중하는 아이들이 잘하더라'는 말을 한다. 맞는 말이다. 지적 호기심과 집중력을 가진 아이들이 공부를 잘한다. 그런데 교육의 본질은 변화이고, 그 변화를 이끌어주는 것이 선생님의 역할이다. 그러니 먼 산 바라보듯이 호기심과 집중력이 있는 아이들이 공부를 잘하더라고 전하는 것이 아니라 궁금한 것을 집요하게 묻고 늘어질 수 있는 아이로 변화시키려면 어떻게 해야 하느냐를 말해주어야 한다는 말이다.

<팁 1> 칠면조의 양 끝단을 자르는 이유는 무엇일까?

어느 유대인 집안에서는 추수감사절에 칠면조의 양 끝단을 자르고 구워먹는 전통이 있었다. 이 집안에는 할머니와 엄마 그리고 세 딸이 있었는데, 막내딸이 결혼을 하였다.
추수감사절이 되어서 막내딸이 칠면조를 굽기 위해 양 끝단을 잘랐다. 그러자 이것을 본 막내딸의 남편이 "왜, 칠면조의 양 끝단을 잘라?"하며 물었다. "우리 집 전통인가 봐."라고 말했지만, 막내딸도 그 이유가 궁금해졌다. 그래서 언니들에게 물어 보았지만 모른다고 하였다. 엄마에게도 물어보았지만, 딱히 이유를 알 수는 없었다. 결국 할머니에게 묻게 되었다. 할머니께서 말씀하시길, "우리 집 오븐이 작아서 칠면조 요리를 하면서 양 끝단을 잘랐는데, 너희들은 왜 양 끝단을 자르는지 모르겠더구나!"

어떤 일이 일상화가 되면, 그 일을 하는 당사자는 물론 구성원들 모두가 이유도 모르고 관행이라는 이름으로 시행하는 경우가 많다. 특히 전문가들이 이런 위험성에 노출될 가능성이 높다. 큰 구조적인 제도를 따르거나 관행을 전문가들이 시행하면 이제 권위까지 얻어서 비전문가들의 맹신을 가져온다. 미국의 전체 항공기 사고 중에서 25%는 비행기의 모든 권한을 행사하는 기장의 실수를 알면서도 부기장을 포함한 모든 승무원이 권위에 복종함으로써 일어났다고 한다. 사고가 나면 자신의 목숨이 위태로운 상황에서도 권위에 너무 쉽게 굴복한 것이다. 목숨 같은 자식의 교육이 힘들고 지치고 스트레스 받는다고 전문가의 권위를 맹신해서는 안 된다.

문제는 전문가들의 권위가 아니라 오류가 문제이다. 전문가들의 말이라고 해서 무조건 믿지 말고 "왜?"라는 질문을 모든 것이 명확해질 때까지 계속해야 한다. 위 막내딸의 남편처럼 구성원이 아닌 외부의 비전문가들이 계속 이유를 물어야 전문가들이 비로소 자신의 오류를 발견할 수 있을 것이다.

1-2. 전문가의 역설

'세상에서 가장 위험한 사람은 책을 한 권만 읽은 사람'이란 말이 있다. 좁은 분야를 연구하는 전문가들이 가장 경계해야 하는 문구로 보인다. 학원만 10년, 20년을 운영하거나 학교 선생님으로 10년 넘게 가르치거나 또는 학습지에서 10년 이상 가르치면 이런 사람들을 흔히 전문가로 인정한다. 그러나 오히려 한 곳에 오래 머무르면서 본의 아니게 더 많은 오류들을 만들어 낼 수 있다. 게다가 이런 분들이 자신이 겪은 분야가 아닌 다른 영역에 대한 조언도 마다하지 않는다. 전문가는 통찰력을 얻고 그것을 검증받기 전에 타 분야에 대해서 발언을 자제해야 한다. 전문가는 사회적으로 인정을 받고 있는 상황이어서 편협한 전문가가 주장하는 말의 위험성은 일반인보다 훨씬 크다.

따라서 전문가들이 처해 있는 상황과 그 상황에 따른 적응과정에서 생겨날 수 있는 오류들을 언급해 보려 한다. 이렇게 수학에 돈과 시간을 물쓰듯이 하면서도 효과는커녕 수포자를 양산하는 데에는 전문가의 잘못된 안내가 가장 큰 역할을 하고 있는 것이다.

학부모들에게 수학교육 전문가를 누구라고 생각하느냐의 질문에 수학 학원장, 학교 선생님(또는 초중등 교과서 집필진), 학습지 교사, 고등수학 1타강사(또는 교육사업가) 등을 들었다. 이들이 자칫 가질 수 있는 전문가의 오류를 각각 살펴보려고 한다.

수학 학원장이 갖는 오류

학생들이 가장 많이 받는 교육이다 보니 학원장의 오류가 가장 많다. 우선 학원은 사기업이면서 교육지원청의 감독을 받는 곳이다. 각 시도의 교육지원청마다 약간씩 다르지만, 보통 학원에게 학부모들로부터 분당 약 200원 전후의 비용을 받으라고 하고 그것을 넘으면 불법이다. 한 반에 많은 학생을 수용하여 오랫동안 가르치면 어려우니 조금 가르치고 많은 문제들을 풀려야 많은 수업을 할 수 있고 수익이 많아지는 구조가 만들어진다. 결국 많은 인원을 수용하는 현행이나 선행반만을 만들 수밖에 없다. 한 반에 3~4명 이하로 가르치면 손해가 난다. 3명이 각각 학원 임대료, 강사료, 전기세 등 부대비용을 내주는 것이다. 손해가 나지만 학원을 빛내줄 에이스들의 경우는 이들을 모델로 찾아올 학원생을 생각하면 예외이다. 그러나 부족 부분을 채워주어야 하는 연산, 지난 학년 수학, 중위권 심화 등 '소수들을 위한 교육들'은 학원에서 모두 시행할 수 없다. 교육지원청으로서는 고액의 사교육비 지출을 염두에 둔 고육지책이겠지만, 분당 약 200원의 예외 없는 엄격한 제한은 학원의 자율성을 지나치게 훼손한다. 사교육비를 줄이는 것이 교육의 목표가 아니다. 비용이 얼마가 들든지 올바른 교육을 해야 하며, 올바른 교육에 돈이 많이 들지도 않는다. 학원장들이 교육지원청의 제약하에서 운영하다 보니 그것에 익숙해지고 오류를 당연시한다. '당위성을 생각하며 의지대로 살지 않으면 살던 대로 생각한다.'는 일반원리가 통용된다. 학원이 갖는 제약으로부터 만들어진 오류들이 여과 없이 학부모들에게 들어가서 잘못된 교육문화를 만든 것들이 많다. 학부모의 오류의 많은 부분이 학원장으로부터 비롯되었으니 비교해보면 좋겠다.

오류 1) 학원에 찾아오는 모든 학부모에게 늦었다고 말한다.

학원은 많은 아이를 동시에 가르치는 현행이나 선행의 프로그램만 운영할 수밖에 없다. 그러니 학원은 학생들의 부족 부분을 채워줄 수 있는 프로그램이 없다. 기본이나 심화 등의 부족 부분을 채워주는 것은 모두 소수들을 위한 교육이기 때문이다. 예를 들어 초등 4학년이 학원에 찾아오면 1~3학년에서 발생한 3년간의 부족 부분을 메워줄 수가 없어서 늦었다고 할 것이다. 중2가 찾아오면, 초등 6년과 중1의 도합 7년의 부족 부분 때문에 성적을 못 올려준다고 할지도 모르겠다. 심지어 초등 1학년이 학원에 찾아오더라도 유치원이나 가정에서 배웠어야 할 것을 부모가 보충해 주지 않았다고 뭐라고 할 판이다. 그러니 어떤 학년의 학생이 찾아오든지 부족 부분만 있다면 늦었다고 할 수밖에 없다. 그래서 필자에게 "○학년인데, 이제 시작해도 늦지 않았을까요?"라고 묻는 사람이 많다. 대답건대, 설사 고2, 고3에 수학을 시작해도 늦지 않다. 학원 입장에서는 부족 부분을 해줄 수 있는 프로그램이 없어서 한 말인데, 오히려 학부모들은 악착같이 그 학원에 들어가려고 노력한다. 이제 이것을 선행의 준비과정과 연동시키면 공포 마케팅이 된다. 인생 40~50년 살아보고 조금만 관조해 보면 알겠지만, 세상에 늦는 때란 없다.

오류 2) 연산을 하지 말라고 하거나 연산 때문에 생각하지 않는 아이가 되었다고 한다.

연산 보강도 소수들을 위한 교육이다. 따라서 학원은 대부분 연산을 보강하는 프로그램이 없어서 사실 가르쳐 본 적도 없다. 있다 해도 큰 수의 연산을 시켜봤기에 효과 없고 부작용만이 보였기 때문이다. 연산이 안 되는 학생이 찾아오면 받지 않는 것이 학원이다. 간혹 연산이 잘 안된다면 그때 가서 연산문제집을 한두 권 풀면 되는 것처럼 말하는 경우도 있다. 필자의 연산앱으로 초중등의 연산을 3년간 10~15분씩 연습하면, 2000문제를 한 권으로 볼 때

600권을 풀린다. 필요할 때 한두 권 풀리면 되는 일이었다면, 이렇게 미리 연습시키지도 않았을 것이다. 연산에 대한 학원장의 언급은 비전문분야의 월권이다.

오류 3) 학생들을 상중하로 나누어야 한다고 한다.

많은 인원을 받아야 하는 학원의 입장에서 학생들을 분류하는 것은 효율성에서 좋을 것이다. 워낙 오랫동안 있어왔던 일이라서 당연시할 수도 있겠지만, 아이들을 상중하로 나누는 것은 아이를 예단하는 것이다. 예를 들어 "네가 열심히 공부해 봐라. 되나."처럼 단정 지은 것이다. 태권도 학원에 갔는데 발차기 한 번 해보라고 하더니 '하반'이라고 말하면 어떨까? 아직 배우지 않는 것을 문제로 내었다면, 그나마도 평가는 무의미하다. 선생님의 기대를 넘어서는 학생은 없다고 했다. 영국에서 2만 명을 대상으로 오랫동안 실험해 본 결과, 상중하로 학생들을 나누었을 때 중반과 하반은 학습효과가 더 안 좋아지고 상반은 나았다고 한다. 그러니 혹시 내 아이는 상반이니 괜찮다고 하는 학부모가 있을지도 모르겠다. 우리나라 학원은 상중하 반도 있지만, 나중에 최상반도 있다. 그렇다면 극소수의 최상반이 아닌 상반도 안 좋다는 것을 알 수 있을 것이다. 결국 아이가 상반에서 최상반으로 가려고 노력하지 않는다면, 고등수학에서 추락은 팩트이다. 이것저것을 떠나서 전 세계적으로 훌륭한 코치나 대가들 중에 학생을 보자마자 평가하고 앞일을 예단하는 경우는 없었다.

오류 4) 선생님이 아이가 알기 쉽게 문제를 풀어주면 좋다고 생각한다.

선생님의 역할은 문제를 쉽게 풀어주는 것이 아니다. 선생님은 개념을 알기 쉽게 설명하고, 개념이 도구가 되도록 해주는 데 주된 역할이 있다. 아이가 문제를 못 풀 때, 아이의 개념이 잘 정립되었는지, 그 문제에 사용되는 다른 개념은 없는지, 부족한 개념이 있다면 알려주고 다시 풀도록 독려해야 한다. 학생을 상중하로 분류한 상태에서 아이가 이해하기 쉽게 문제를 풀어주었다면, 이 과정에서 아이의 변화가 이루어진 것이 없으니 공부한 것이 아니다. 이것이 학원을 6년을 다녀도 실력이 변하지 않은 직접적인 이유이다. 개념 설명은 친절하되 문제풀이에는 인색해야 한다.

오류 5) 80%의 정답률을 보이는 쉬운 문제집을 풀어야 한다고 한다.

학원에서는 여러 학생들을 가르쳐야 하기에 학생들이 어려워하는 문제집을 줄 수가 없다. 이것은 학원의 시스템의 문제이지 그렇게 해야 하는 것은 아니다. 학부모는 20%의 어려운 문제가 아이를 발전시킬 것으로 믿고 싶겠지만, 아이는 쉬운 문제들에 익숙해지고 어려운 문제를 푸는 것을 싫어하게 된다. 어려운 문제에 도전하지 않는다면 실력향상의 가능성은 없다.

오류 6) 외우지 말고 이해하라고 한다.

개념을 배우는 입력의 과정을 거친 뒤, 문제풀이라는 출력과정을 거쳐야 정상이다. 그런데 보통은 개념을 배우지 못한 상태로 수학문제부터 풀리니 입력도 없이 출력을 강요받는다고 할 수 있다. 입력이 없었으니 문제가 풀리지도 않을 뿐 아니라 이 문제를 통해서 무언가를 알고 외우려는 입력으로 인식한다. 그래서 문제를 풀면서 학생들은 필요한 것만을 얼른 외워서 문제를 풀려고 한다. 그러면 선생님들이 학생들에게 충분한 이해를 한 뒤에 문제를 풀라는 것을 강조하기 위해, '외우지 말고 이해하라.'라는 잘못된 말을 하게 된다. 많은 공부는 이해가 선행된 후 암기하고 때로는 체화까지 일련의 과정을 거치는 것이 정석이다. 올바른 개념을 배우는 충분한 입력시간이 필요하다는 방증이다.

오류 7) 점진적인 실력의 향상이 이루어질 것이라고 말한다.

모든 전문가들은 한결같이 점진적인 실력 향상을 거쳐서 무언가를 이룰 것처럼 말한다. 들어보면 그럴듯하지만, 실질적으로 조금씩 실력이 자라서 최고의 자리에 도달한 예는 없다. 최고의 자리에 도달한 사람은 예외 없이 기본을 튼튼히 하고 치열하게 노력하여 비약을 이룬 사람들이다. 학원은 개념문제집, 기본문제집 O권, 유형문제집 O권을 쉬워질 때까지 순차적으로 풀고 중상위문제집의 정답률 90% 이상이 될 때 심화문제집을 풀라고 한다. 대부분은 이 엄청난 문제들 속에서 허우적거리다가 시간이 없다거나 아이의 능력을 의심받으며 심화문제집은 근처에도 못 가본다. 설사 모든 과정을 거치고 중상위 난이도 문제집에서 90%를 맞았다 해도 심화문제집의 정답률은 반타작도 못한다. 처음 보는 문제나 어려운 문제는 오로지 개념으로밖에 풀리지 않는다. 정확한 개념을 익히고 곧장 심화문제집을 풀어도 70~80%의 정답률을 보인다.

오류 8) 심화하지 말고 선행하라고 한다.

학부모들의 생각에는 어려운 고등수학을 대비하여 심화도 하고 선행도 하고 싶다. 그러나 많은 학원장들이 "오랫동안 심화문제를 아이에게 풀려봤더니 아이들이 잘 풀지 못해서 대부분의 문제들을 풀어주게 되고 아이들의 실력이 자라지 않는 것을 확인하였다. 심화문제로 지지고 볶지 말고 선행을 하면 상위개념으로 아래 학년의 문제를 쉽게 풀게 된다."라며 진정성 있게 말하는 바람에 혼동이 된다. 심화문제를 어려워하는 아이들에게 모두 "애들아, 너희는 아직 심화문제를 풀 때가 아니란다. 어차피 해야 할 거 너희는 차라리 선행이 낫다."라고 말하는 이유는 학원에 프로그램이 없기 때문이고 학원 입장에서는 이것이 당연하기 때문이다. 그러나 우선순위로 심화를 하고 그다음 선행을 해야 한다는 학부모님들의 생각이 맞다. 초중에서 심화문제가 안되는 아이가 훈련도 없이 갑자기 3~7배의 난이도를 갖는 고등에서 잘한다는 것은 확률이 떨어지는 말이다. 다만 계속해서 심화만을 할 수 없으니 중3에서 선행을 고1까지 한다면 고등수학을 공부하는데 무리가 없다.

아이들이 심화문제들을 못 풀었던 이유는 연산, 개념, 논리라는 기본이 부족한 탓이었다. 그리고 상위개념으로 하위문제를 푼다는 것은 문제를 푼다는 관점에서 바라보는 것이다. 심화문제를 푸는 목적은 집요함을 기르고 개념을 꺼내 쓰는 훈련에 있는 것이지 문제 자체를 풀 수 있고 없음이 주가 되지 않는다. 이 심화와 선행의 문제는 학부모님들의 주된 관심사인 만큼 다시 다룰 기회가 있을 것이다.

초등선생님(또는 초중등 교과서 집필진)이 갖는 오류

중학수학 선생님들은 목소리가 작은데 반해, 초등선생님들은 유튜브 등에 활발한 의견을 피력하신다. 아무래도 아이를 처음 키우는 학부모들을 위해서 다양한 조언을 하던 중에 초등수학도 말씀하시는 것으로 보인다. 일부 초등선생님들은 주로 구성주의적 교육입장에서 말씀하시고 대다수는 침묵하시는 것으로 보인다. 따라서 구성주의적인 입장에서 바라보는 오류가 주를 이룬다. 구성주의에 대한 자세한 내용은 제4부에서 다룬다. 초등선생님의 오류를 좀 더 심도 있게 이해하시려면 4부를 먼저 읽고 오셔도 좋다.

오류 1) 초등 저학년부터 개념과 원리를 철저히 배우고 익혀야 한다.

초등수학의 많은 부분이 연산이지만, 특히 초등 저학년은 무엇보다 연산을 잘하여야 한다. 그런데 이 시기에 아이들은 논리적인 사고가 발달되지 않아서 개념과 원리를 설명한다 해도 잘 받아들이지 못한다. 게다가 교과서에 많지도 않다. 더하기 빼기는 무정의 용어라서 열심히 설명해봐야 다른 용어로 설명하는 것이고, 다양한 방식으로 연산을 하는 것은 원리가 아니라 기술이다. 만약 설명해야 한다면, 기준, 분류 등인데 아직 논리가 자라지 않아서 그냥 간단한 설명과 함께 작은 수 연산의 많은 훈련이 필요하다. 연산은 국어의 가나다라…에 해당하는데, 이것에 대한 한글창제 원리는 초저가 아니라 나중에 중고등학교에서 가르친다. 초저에서는 작은 수의 연산과 책읽기에 치중하고, 초3 후반기나 초4에서부터 본격적으로 개념과 원리를 배워가면 될 것이다. 초저에서 개념과 원리를 찾는다고 헤매면서, 정작 가장 중요한 암산력이나 구구단 등을 놓치지 말기 바란다.

오류 2) 연산도 원리만 철저하게 익히면 잘할 것이다.

교과서에서 절차적 기술을 가르치는 파트가 연산이다. 교과서의 절차적인 기술을 알고리즘이라고 부른다. 알고리즘대로 가르치는 것은 기술을 가르치는 것이지 개념이나 원리로 가르치는 것이 아니다. 특히 분수를 알고리즘이라는 기술로 원리를 가르쳤기에 무려 초등에서 4년을 가르쳤는데, 중학생의 절반이 분수연산도 하지 못한다. 교과서에 제시된 대로의 알고리즘을 벗어나서 원리를 가르치는 것은 환영하지만, 원리로 가르치더라도 연산은 도구라서 빠르게 나오는 것까지는 여전히 해야 한다.

오류 3) 수학교과서에 가장 많은 개념이 담겨있다.

초등과 중등의 수학교과서에 개념이 들어있다는 것은 선생님들의 오해다. 아이보고 관찰, 발견, 탐구 등을 하라면서 개념을 넣을 수는 없다. 개념이 들어있지도 않거니와 집필진이 개념을 넣을 마음도 없다. 개념처럼 보이는 몇 개조차 올바른 정의가 아니어서 오개념으로 발전해 가고 있다. 교과서에 있는 연산 알고리즘도 기술이 아니라 개념이라고 생각하거나 원리도 알려주지 않고 약속이라고 한다. 연산에서 '왜?'라는 질문에 답할 수 없다면 모두 기술이다. 수학은 개념을 가지고 수학의 문제를 해결하는 연역법의 학문이지만, 교과서는 고1까지 계속 귀납법으로 가르친다. 쉽게 말해서 문제를 풀어서 개념을 잡으라는 교육을 하고 있다는 것이다. 필자의 말을 믿지 못하겠다면, 교육부에 '초중등수학에서 개념을 가지고 수학문제를 해결하는 것이 올바른 공부방법인가?'를 문의하기 바란다. 이유를 차치하고 수학이 수학의 특성을 잃었으니 수학을 배우는 것이 아니다.

오류 4) 교과서를 완전학습이 되도록 공부해야 한다.

많은 선생님들이 사교육 종사자들이 무조건 문제를 풀리는 것은 잘못된 것이라고 생각한다. 우선 교과서의 개념으로 충실하게 공부하여 완전학습을 하고 나서 문제를 풀어야 한다는 것이다. 완전학습이 되었는가를 확인하려면, '남에게 쉽게 설명할 수 있을 정도'라는 말을 한다. 여기까지만 들으면 괜찮은 것 같다. 그러나 필자는 우리나라 교육이 이처럼 파행을 거듭하는 이유가 바로 '완전학습'에 대한 생각 때문이라고 생각한다. 자세한 설명은 4부에서 하겠지만, 완전학습은 사교육 광풍과 학생들이 책을 읽지 않게 된

주된 이유이다. 어떤 교육이든 아이가 책을 읽지 않도록 하는 교육은 최악이다.

오류 5) 아이들의 발달 속도는 느리기 때문에, 스스로 발견하려면 계속 기다려주어야 한다.

일반적인 공부는 아이들이 스스로 무언가를 발견하는 것이 좋은 공부다. 수학을 가르쳐보면 알겠지만, 아이들이 깨치는 것이 많이 느려 보였을 것이다. 오해다. 수학은 발견하는 학문이 아니고 수학자가 만든 것을 이해하고 익혀서 문제를 해결하는 학문이다. 그러니 아이들이 스스로 깨치기가 느린 것이 아니라 불가능한 것이다. 아이들이 스스로 깨치게 한다고 고1까지 10년을 귀납법으로 가르치며 기다리다가 고2부터는 이제 이해할만큼 컸다고 수학의 특성인 연역법으로 공부하게 된다. 그러면 80%의 수포자는 수학의 특성대로 공부를 해본 적이 없게 된다. 수학을 수학의 특성에 맞게 공부하면 수포자가 훨씬 감소하며, 적어도 수학이라는 과목의 목표인 논리적인 사람으로 그만큼 변하게 된다는 것이다. 수학을 변형시켜서 아이에게 맞추겠다는 불가능한 목표를 버리고, 수학을 수학답게 가르치자.

학습지 교사가 갖는 오류

학습지 교사는 가르치는 수학학습지가 쉽고 기초를 다루고 있다고 생각한다. 그래서 기초를 튼튼히 하고 이것을 바탕으로 학교나 학원 등에서 공부하면서 도움이 될 것이라고 생각한다. 최종 결과물의 당사자가 아니니 목소리를 높여서 말하는 사람은 거의 없다. 기초를 튼튼히 하는 일은 무척 중요한 일이지만, 연산학습지의 구조적인 문제로 약간의 오류가 있다.

오류 1) 연산을 일찍부터 하지 않아서 문제가 되었다.

연산학습지는 미취학 시장을 잡는 것이 시장선점의 전략이고, 미취학에 해당하는 과정만 몇 년치가 준비되어 있다. 그러다 보니 연산학습지를 빨리 시작하라고 말하고 그것이 맞는 것으로 생각될 수 있다. 연산프로그램을 미취학부터 일찍 시작하면 연산은 잘하는데, 머리 발달과정에 맞지 않아서 오히려 창의력이 손상될 수 있으니 소탐대실이다. 미취학에서 인지학습을 강하게 하면 돌이킬 수 없는 학습장애를 일으키니 꼭 귀담아듣길 바란다. 오래된 통계이지만, 학습장애로 병원을 찾는 사람이 1년에 10만 명이다. 병원을 찾지 않을 사람들을 감안하면 이보다 더 많을 듯이 보이고, 학습장애의 결과로 고학년에서 머리를 쓸 시기에 마치 머리가 나쁜 것처럼 보인다. 또한 이때 연산의 과정이 너무 스몰스텝이다 보니 오히려 머리를 쓰지 않는 현상이 일어난다. 그러면 학교 입학준비를 어떻게 하느냐고 반문할 것 같다. 연산학습지 등 프로그램을 공급하지 말라는 것이지 엄마와 같이 수세기나 보수 연습을 하고 스스로 공부하는 수학문제집들까지 막는 것은 아니다.

오류 2) 연산은 매일 조금씩 5~6년을 꾸준히 해야 한다.

많은 사람들이 연산은 꾸준히 조금씩이라도 계속해서 감각을 유지해야 한다고 생각한다. 학습지 회사가 만든 학습지의 프로그램을 오래 하도록 만든 것이다. 연산도 해야 하는 이유와 대상과 목표가 있다. 국어의 가나다라에 해당하는 것이 수학의 연산이다. 논의의 여지 없이 반드시 걸림돌이 되지 않도록 해야 한다. 자연수에서는 두 자릿수와 한 자릿수이고, 분수에서는 작은 수를 다루는 분수의 사칙계산이 주된 대상이다. 목표는 두 자릿수와 한 자릿수의 곱셈과 나눗셈에서 3~4개의 암산, 분수의 사칙계산에서 5~6개의 암산, 중3의 인수분해에서 6~7개의 암산이고 최종적으로 고1에서 10~11개의 암산이 필요하다. 이렇게까지 해야 하냐며 반발하는 사람들이 눈에 선하다. 많은 사람들이 막연하게 연산을 꾸준하게 연습하면 할 도리를 다한 줄로 안다. 새로 개정되는 고1의 교과에서 나오는 그냥 단순한 이차정사각행렬의 곱하기에서도 13개의 암산이 필요하다. 사람들은 그때그때 임시방편으로 문제가 생길 때마다 솔루션을 찾아다니고 이것을 안내하는 유튜버들이 많다. 진정한 전문가라면 솔루션이 아니라 문제가 발생하지 않도록 하는데 힘을 기울여야 한다. 연산을 꾸준히 하는 것이 능사가 아니라 수학에서 필요로 하는 목표에 도달하도록 해야 한다.

고등수학 일타강사(또는 교육 사업가)가 갖는 오류

고등부 일타강사들은 말 그대로 고등학생을 가르치는 분들이고 고등학생이나 고등학생의 학부모들에게 얘기하면 문제가 안 된다. 그러나 초중등에는 소위 일타강사가 없어서 블루오션의 시장이 탐나는 분도 있고, 우리나라 수학교육과 학생들을 걱정하는 순수한 마음으로 말하는 분들이 있다. 문제는 초등 학부모에게 말하는데, 나중에 아이가 가야 할 고등부 그것도 일타강사가 하는 말이니 역시 파급력이 커서 그들의 오류를 지적하지 않을 수 없다.

오류 1) 연산학습지 때문에 아이가 깊이 생각하는 힘과 창의력을 망쳤다.

예전에 한 고등부 일타강사가 학생들이 어려서부터 연산학습지를 하며 강제로 공부하여 아이들의 창의력이 말살되었다고 맹

렬하게 비난하는 것을 보았다. 그런데 그 분이 수학문제를 풀다가 "이 정도는 암산을 할 줄 알아야 한다."며 6~7개의 암산을 당연시 하였다. 그 일타강사의 말에 일정 부분 인정한다. 쉬운 것에 익숙해지고 특히 큰 수를 연습하면 연산의 부작용이 심화된다. 그러나 이 정도는 암산할 수 있어야 한다고 한 그 6~7개의 암산을 위해서 연산을 연습하는 것이다. 이 정도의 암산이 안 되었다면, 중3에서 포기했을 것이기에 수학을 포기하지 않는 웬만한 고등학생이면 일타강사가 요구하는 정도의 연산 실력은 되었을 것이다. 일타강사가 고등학생 부모에게 말한다면 문제가 아닌데, 초등 부모에게 말하는 것은 자칫 연산을 하지 말라는 말로 들린다. 이런 얘기는 일타강사뿐만 아니라 고등 수학선생님 출신들이 대부분 "내가 고등수학을 20년 정도 가르쳤는데, 학생들 중에 연산이 안 되어서 수학을 못하는 아이들은 없었다."라고 말한다. 맞는 말이다. 그런데 초중등학부모의 입장에서 연산이 안 되면 고등수학에 도달하기 전에 모두 수포자가 된다는 것을 알아야 한다.

오류 2) 자신이 초중등의 개념을 아는 줄로 착각한다.

일타강사들 간의 치열한 고등수학에 비해 초중등의 수학 시장은 일타강사가 아무도 없으니 블루오션처럼 보인다. 그래서 일타강사가 중학 수학 시장에 진출하고 싶어서 중학생들에게 수학을 아무리 쉽게 가르쳐 봐도 이상하게 도대체 이해를 못 한다. 그래서 "중학생들은 수학적으로 원시인이다.", "젖비린내가 나서 못 가르치겠다." 등의 이야기를 하고 대부분은 고등부로 되돌아갔다. 고2부터 수학교과서에 개념이 들어있으니 모든 일타강사는 개념으로 가르친다. 역으로 초중등의 수학에서 일타강사가 없는 이유는 개념으로 가르치는 강사가 없기 때문이다. 고등수학 일타강사가 고등내용을 개념으로 가르친다는 것이지, 일타강사가 초중등의 수학개념을 아는 것이 아니다. 일타강사도 초중등의 개념은 학창 시절 교과서로 배웠기 때문에 알지 못한다. 고등부 일타강사가 초중등의 수학을 가르치려면, '고등학교에서 극한이 뭐야?, 극한값이 뭐야?, 연속이 뭐야?, 미분이 뭐야?, 미분가능성이 뭐야?' 들을 물어보았듯이 '자연수가 뭐야?, 자연수의 성질이 뭐야?, 분수가 뭐야?, 분수의 성질이 뭐야?, 수직선이 뭐야?, 정수가 뭐야?, 변수가 뭐야?, 유리수가 뭐야?' 등의 질문에 답하는 것부터 해봐야 할 것이다. 이런 질문들에 답할 수 없다면 초중등의 수학 개념을 가르칠 기본적인 개념도 없는 것이다.

오류 3) 개념으로 풀면 문제를 빨리 풀 수 있을 것처럼 말한다.

누군가가 개념이 중요하다고 말하고 나서 문제를 풀면 마치 그것이 개념으로 푸는 듯이 보이고, 게다가 문제가 빨리 풀리면 마치 개념으로 문제를 풀면 빨라진다는 착각을 줄 수 있다. 개념으로 문제를 빨리 풀 수 없고, '문제를 빨리 풀었다면 모두 기술이다.'라고 생각해야 한다. 하나의 개념은 다양한 문제를 풀 수 있는 만능키에 가깝지 개별 자물쇠에 특화된 열쇠가 아니다. 따라서 개념만 공부하면 마치 뜬구름 잡는 것과 같고 별 내용이 아닌 것 같으며 심지어는 안 배워도 될 것 같다. 따라서 사업가적 관점에서 개념을 중시하고 실제 문제를 풀 때는 기술로 풀어서 드라마틱하게 접근하는 것을 보여주는 것이 유혹적일 것이다. 이런 것들을 배우면 뭔가 신기한 것을 배웠다는 생각은 들 수 있으나, 기술이라서 실제로 문제를 푸는 것에 적용하는 경우가 드물다.

<팁> 누구의 잘못이 가장 클까?

아이에게 온갖 영양가가 모두 들어있는 소위 '영양죽'만을 하루 세끼 12년간을 먹인다고 가정해 보자.

아마 전문가가 아니라서 정확한 것은 모르겠지만, 가장 먼저 치아 저작능력이 상실되어 치아에 문제가 생길 것 같다. 그 다음 소화기관이 퇴화할 것 같고 또 당성분이 직접적으로 몸에 들어왔으니 당뇨병이 의심된다. 아무튼 아이의 건강에 좋지는 않을 것 같다. 여기서 중요한 것은 아이의 건강을 나쁘게 했던 다음의 요인 중에 가장 잘못된 것이 무엇이었는가를 알아보자는 것이다. 객관식으로 내겠다.

① (주체성 없이) 영양죽을 먹은 아이

② (전문가가 시키는 대로) 영양죽을 준 엄마

③ (레시피대로) 영양죽을 주라고 한 전문가

④ (영양죽밖에 없는) 레시피

여러분은 '생각 없는 아이', '무지한 엄마', '고지식한 전문가', '권위적인 레시피' 중에 누구의 잘못이 가장 크다고 생각하는가? 애초에 레시피가 다양하였다면, 그래도 전문가나 엄마가 선택을 잘하지 않았을까 생각해 본다. 이것을 다시 수학에 빗대어 생각해 보자. 잘못된 수학교육은 누구 탓일까?

❶ 시키는 대로 하는 학생

❷ 전문가를 믿은 학부모

❸ 교과서대로 가르친 전문가

❹ 교과서

이 문제의 정답은 없다. 각자가 생각해 보라고 낸 질문이다. 수학교육의 책임은 교과서, 선생님, 학부모, 학생 등의 모두에게 있고 각각의 책임이 어느 정도 있을 것이다. 그런데 유튜브나 블로그 등 그 어느 것을 보아도 교과서의 잘못을 지적하는 사람은 없다. 교과서는 현재 수학교육의 기준이다. 학교선생님은 물론이고 학원, 학습지, 문제집 등이 교과서를 지침으로 삼고 있다. 교과서가 기준이기에 무엇보다 책임이 크며 성역이 아니다. 만일 교과서가 잘못된다면 대한민국의 교육은 망한 것이고, 필자의 눈에는 그렇게 보인다.

1-3. 가르치려는 지식이 객관적인 실험의 결과인가를 보라.

기원전 3세기경에 수학자 에라토스테네스는 지구가 둥글다고 주장하고 비교적 정확한 지구의 둘레의 길이를 구했다. 피타고라스도 몇 가지 이유를 들어 지구는 공 모양이라고 하였다. 그러나 그 후 16세기경까지 대다수의 사람들은 지구가 평평하다거나 정육면체라고 믿었다. 정육면체의 모양이라서 '배를 타고 먼바다에 나가면 떨어져 죽는다.', '하늘은 어떤 신이 받치고 있다.'는 등의 말을 믿었다. 누군가가 지구의 그림자가 비치는 달의 그림자 모양이나 항구로 들어오는 배의 돛을 망원경으로 보면 위 끝부터 보인다는 등 지구가 둥글다는 증거들을 얘기했으나 당시에는 받아들여지지 않았다. 이런 특이해 보이는 증거들은 과학자들에게 통용되고 일반인은 흔히 보이는 주변의 풍경으로부터 둥근 증거를 찾을 수 없었고 오히려 지평선 등이 지구가 평평하다는 증거로 채택되었다.

결국 수학자나 과학자의 주장은 수천 년 동안 받아들여지지 않다가 14세기경 마젤란이 세계일주를 하였다. 직접 배 5척을 이끌고 3년간 지구를 한 바퀴 돌다가 마젤란도 죽고 피골이 상접한 10여명의 선원만 살아 돌아왔다. 말이 필요 없다. 먼 바다에 나가 떨어져 죽거나 우주의 미아가 되지 않고 돌아왔다. 결국 직접 몸으로 실험을 함으로써 사람들은 비로소 지구가 둥글다는 것을 받아들이게 되었다. 이때 마젤란의 세계일주가 이루어지지 않았다면, 인류가 직접 우주로 나가서 지구를 바라보게 될 때까지 계속 갑론을박했을지도 모른다. 이런 사실이 필자에게 시사하는 바는 몇 가지 있어서 말해본다.

첫째, 국가조차도 수학교육을 느낌과 경험으로 시키는데, 느낌과 경험이 틀렸고 이제 오래된 오류들이 굳어져 가고 있다.

16세기에 비로소 인류가 실험을 시작했다. 그렇다면 수천 년 동안 직관적으로 즉, 느낌으로 지식을 얻다가 16세기 대항해 시대가 되어서야 비로소 알고 있는 지식이 과연 옳은 것인지를 실험하기 시작했다는 것을 의미한다. 그렇다면 인류의 많은 지식들 중, 복잡하거나 실험이 오래 걸리는 것들은 많은 경우 실험되지 않거나 증명되지 않았을 것을 시사한다. 필자가 보기에 수학교육이 그렇다. 수학교육은 최소 20년 정도 종적인 연구를 해야 하기에 엄청난 시간과 인력과 예산이 필요하다. 미미하나마 필자가 27년간 혼자서 기껏 100여 명의 소수의 아이들을 데리고 종적인 실험을 하였다. 필자의 경험으로 볼 때, 지금 수학의 상식으로 알려진 것들에 오류들이 있어 보이고, 교과서의 편성이 실험이나 증명에 의하지 않고 느낌에 의존하는 교육이다. 수학교육과정에 필요한 종적인 실험이 하나도 없고, 따라서 집필진이 참고할 만한 논문이 전 세계 어디에도 없다. 이제 우리나라가 종적인 실험을 시작한 지 몇 년이 되었다. 그러나 실험 과제가 올바른 수학공부법을 알아내는 것들이 아니라서 안타깝다.

둘째, 전문가의 말도 증명하거나 실험하지 않았다면 맹신하지 마라.

수학이나 과학 등의 영역에서는 100만 명의 생각과 한 수학자의 생각이 다를 때, 수학자의 생각이 맞을 가능성이 높다. 그러나 수학자의 권위를 무조건 받아들여서는 안 된다. 이의 대표적 사례로 역시 16세기에 있었다고 전해지는 이탈리아 피렌체의 과학자 갈릴레오 갈릴레이의 자유낙하 실험이 유명하다. 피사의 사탑에서 같은 크기의 쇠공과 나무공을 동시에 떨어트렸더니 동시에 떨어졌다는 실험이다. 갈릴레이의 이 실험이 있기까지는 똑같은 높이에서 떨어트렸을 때, 무거운 물건이 가벼운 물건보다 먼저 떨어진다고 알려져 있었다. 거장 아리스토텔레스가 무거운 물건이 먼저 떨어진다고 말했기 때문이다. 당연히 아리스토텔레스는 이것을 실험하지 않았고 느낌과 경험에 의존했을 것이다. 그가 기원전 4세기의 그리스 철학자이니 거의 2000년 동안 실험이 없었기에, 이 밖에도 천동설을 주장하는 등 오류를 지속했던 것이다. 여기서 오류를 문제 삼으려는 것이 아니라, 생각을 거듭하는 위대한 철학자의 말이라도 검증하지 않고 권위에 굴복해서는 안 된다는 것을 말하고자 하는 것이다.

일례로 초등수학 교과서는 큰 수의 연산에 비중을 두고 원리를 알려준다며 알고리즘을 강조한다. 교과서의 권위에 따라 모든 연산교육이 큰 수의 교육에 치중함으로써 파행을 겪고 있다. 교과서에서 큰 수를 강조하는 것은 실험의 결과도 아니고, 십진기수법의 자릿값을 익힐 수 있는 큰 수를 다루어야 한다는 명목이며, 큰 수를 다루면 작은 수쯤은 저절로 될 것이라는 느낌 때문이다. 세 자릿수와 세 자릿수의 더하기는 일의 자리끼리 십의 자리끼리 백의 자리끼리 계산할 것이고 받아올림 수는 1이 있거나 없을 것이다. 그렇다면 큰 수를 연습한다고 하지만 실제로는 한 자릿수와 한 자릿수의 덧셈이다. 결국 첫째, 세 자릿수들의 덧셈을 아무리 연습해도 연산 실력이 늘지 않는다. 한 자릿수와 한 자릿수의 덧셈을 하면서 메인이 되는 두 자릿수와 한 자릿수의 덧셈이 증강되지 않기 때문이다. 둘째, 두 자릿수와 한 자릿수의 덧셈이 잘 되지 않는 아이에게 시키면 자꾸 틀리거나 죽을 맛이다. 셋째, 실력이 안 되는 아이에게 계속 시키면 대충 찍고 싶은 마음이 든다. 논리를 가르치려는 수학에서 이 마음이 들어간다면 치명적이다. 넷째, 세 자릿수들의 덧셈과 같이 큰 수의 연산은 중고등학교에서 잘 나오지도 않는다. 다섯째, 세 자릿수들의 덧셈이 끝에 cm가 붙어서 다시 나오고 또 소수점 아래에 있는 수로 또 연습시킨다. 이 정도면, 아이들을 위한다고 말은 하면서 실질적으로는 수학을 포기시키려는 것으로 밖에 보이지 않는다. 이 모든 것이 실험을 하지 않고 느낌과 경험을 교과서에 반영한 탓이다.

셋째, 수학교육의 올바른 방법도 실험을 해서 증명을 보여야만 비로소 일반인이 받아들이게 될 것 같다.

마젤란의 실험 이전에 신학자 토마스아퀴나스, 철학자 베이컨, 과학자 콜롬버스 등도 지구가 둥글다고 주장했지만 증명이나 실험이 없었다. 따라서 대중들에게 어필되지 않았고 결국 마젤란의 실험을 기다렸다. 수학교육의 올바른 공부방법이 이론적으로 나온다 해도, 실험을 통해서 검증될 때까지 기다리는 것이 맞다. 필자가 '수학을 잘하는 법'이란 유튜브 동영상을 찍고 '수학교육의 정의'를 내려서 설명하는 시간들을 갖고 있다. 이런 이론들이나 책을 펴내는 것으로 일반인들을 설득하는데 한계가 있다는 것을 안다. 일반인은 마젤란과 같은 실험의 결과를 원하고 그래야 한다고 믿는다. 그래서 지난 2년간 연산을 앱으로 만들어 연산의 내용과 목표를 자동화하였고, 개념을 가지고 수학문제를 푼다는 연역법을 실행하기 위해 초중고등의 개념 사전을 편찬하고, 또 한편 개념으로 공부하는 중학프로그램을 만들어 시행 중에 있다. 그 밖에도 교과서를 대신 할 수 있도록 초,중학교의 학년마다 개념서와 문제집을 내고 기회가 되는 대로 방학 중에는 수학캠프도 운영하려고 한다. 물론 아직은 몇백 명 정도의 실험이고 2년밖에 지나지 않아서 의미 있는 결과를 내었다고 할 수는 없다. 그러나 프로그램을 시행하기 전에 25년간 실험한 결과를 가지고 실행하는 것이라서 필자는 확신을 갖고 있다. 이 실험이 완성도를 갖추려면 앞으로도 몇 년이 더 필요할 것이지만, 이미 자녀가 고학년인 학부모 입장에서는 자녀들이 기다려줄 시간이 많지 않을 것이라는 것이 문제다.

앞서 말했듯 진정한 수학교육 전문가도 없고 있다 하여도 전문가들은 오랫동안 편협한 분야만을 다루다 보니 본의 아니게 자칫 일반인보다도 더 오류를 갖게 된다. 그러니 권위가 아니라 '실험의 결과가 있는가?, 있다면 객관적인가?'를 살펴야 할 것이다.

<팁> 이케아 효과(Ikea Effect)

이케아 효과(Ikea Effect)는 자신이 낸 아이디어, 창작물, 노력 등이 다른 사람의 아이디어, 창작물, 노력보다 더 값어치 있다고 평가하는 것을 설명하는 용어이다. 본인의 아이디어에만 빠져서 자신이 열심히 작업한 결과물을 다른 사람의 것보다 더 좋다고 과대평가한다. 참고로 스웨덴 가구업체 이케아는 DIY(Do-It-Yourself) 즉, 가구를 반제품으로 판매하고 소비자가 스스로 조립하게 하는 것을 파는 곳으로 유명하다. 하버드, 튤레, 듀크대학교의 연구자들이 이케아 효과가 얼마나 널리 퍼져있는지를 알아보기 위해서 실험을 했다.

실험 참가자의 절반은 이케아 가구를 조립하게 했고, 나머지 절반은 이미 조립된 가구들을 살펴보기만 하게 했다. 그 후 가구의 가격을 예측하게 했더니 가구를 직접 조립한 사람들이 63%나 더 높은 가격을 매겼다. 또한 종이접기에서도 유사한 실험을 하였는데, 이번에는 직접 종이를 접은 사람들이 5배에 가까운 가격을 예측했다.

학부모가 주변의 블로그나 유튜브 그리고 학원장 등으로부터 자신이 직접 발품을 팔아서 얻었기에 자신의 정보에 더 많은 가치를 둠으로써 착각에 이를 수 있어서 언급하는 것이다. 이와 유사한 것으로 '확증편향(confirmation bias)'이라는 것도 있다. 확증편향은 자신의 신념과 같은 생각을 가진 의견이나 사람만을 받아들이고 나머지는 배척하는 것을 말한다. 학부모가 한 번 어떤 전문가의 생각을 받아들여서 그것이 맞다고 생각하면, 자칫 올바르지만 자신과는 다른 의견을 받아들일 수 없게 된다.

1-4. 수학교육의 가장 안전한 길은 정의대로 가르치는 것이다.

학생들 중에는 '누가 수학 같은 것을 만들어서 나의 인생을 꼬이게 하는 거야?'라며 푸념하는 경우도 있다. 수학이란 학문이 왜 생겨서 아이들을 괴롭히는지(?)를 알려면, 수학의 탄생부터 알아야 할 것이다. 그래야 필요한 이유나 학문적 특성을 이해하는 데 도움이 될 것 같다. 그렇다고 깊이 있게 하기에는 필자가 지식이 부족하고, 간단하게 필자가 생각하는 수학의 탄생을 보겠다.

동양에서는 국가가 토지를 측량하고 토지에 따른 세금을 징수하는 등 개인을 통제하는 수단으로 발생했다. 그러니 현실생활에서 수학을 '문제를 해결하는 도구'로 사용하게 되었다는 말이다. 그에 반해서 서양은 이상세계(이데아)와 현실세계로 구분하고, 수학을 영원불변의 이데아로 인식하였다. 잠깐 이데아에 대해 설명하면, 이데아는 사물의 본성 속에 고정된 원형으로 시간에 따라 변하거나 없어지는 것이 아니라 현실세계의 모든 개별사물은 이데아의 모방이라는 것이다. 결국 3000년간의 동서양의 수학이 결합하여 '만고불변의 진리를 가지고 현실 생활 속의 문제를 해결하는 것'이 되었다. 만고불변의 진리가 바로 정의, 정리, 공리 등의 개념이고 이것은 수학자들이 만들어야 한다. 진리에 해당하는 수학의 개념을 일반인이 발견하거나 만들어 간다는 발상은 불가능에 가깝다. 따라서 수학자들이 만들어 낸 개념을 가지고 문제를 해결하는 것이 수학이며, 이것을 학생들이 할 수 있도록 도와주는 것이 수학교육이라 하겠다.

수학이 개념을 가지고 문제를 해결하듯이 수학교육도 수학교육의 정의로 해결하는 것이 맞다고 본다. 그래서 필자가 아래와 같이 수학교육의 정의를 내렸다.

수학교육의 정의: '연산과 개념을 도구로 학생들의 실력 즉 집요함과 논리력을 키워가는 과정'이다.

필자가 지난 27년간의 경험을 총동원하여 한 줄로 만든 것이다. 그런데 위 수학교육의 정의가 간단해 보이지만, 무척 함의가 크고 또 현재 시행되고 있는 시중의 교육방법과는 반대로 가르치는 측면이 커서 자세한 설명이 필요하다.

첫째, 연산의 도구화가 필요하다.
둘째, 개념의 도구화가 필요하다.
셋째, 연역적인 사고를 가르치려는 것이 수학이다.

넷째, 연산, 개념, 논리가 수학의 기본이다.

다섯째, 학생들이 실력을 길러가야 한다.

여섯째, 개념을 사용하여 문제를 풀었을 때만이 실력이 증강된다.

일곱째, 결국 새롭거나 어려운 문제를 풀려는 도약이 필요하다.

수학교육의 정의가 갖고 있는 함의를 간단히 7가지로 풀어 놓았지만, 각각의 말들도 이해하기 어렵고 오해의 소지가 많아서 다시 하나하나 설명하려고 한다.

첫째, 연산을 도구화하고 있나요?

앞서 수학은 언어이고 연산은 국어의 '가나다라…'처럼 자유자재로 사용할 수 있어야 하는 도구가 되어야 한다는 말을 하였다. 그러나 교과서를 포함한 대부분의 교육은 큰 수에 집착하는 오류를 범하고 있다. 연산의 연습 범위를 줄이고 구체적 목표치에 도달하도록 훈련시켜야 한다. 큰 수로 연산의 범위를 넓히거나 너무 많은 연습을 시키는 것, 원리만 강조하며 도구화에 반대하는 어떤 전문가의 말도 단호하게 배제하지 않으면, 부작용이 심해지거나 연산에 매몰될 우려가 있다. 시중에는 개념을 가르치지 않으니 딱히 가르칠 내용이 없어서 연산만 시키며 아이를 들볶거나 먼저 효율을 강조하며 연산을 끝내고 개념을 공부하라며 양을 늘리는 사람들이 있다. 연산만을 먼저 끝내겠다고 연산의 양을 늘리면, 이미 생각하지 않는 아이로 변한다. 항상 연산, 개념, 논리, 심화를 모두 동시에 해 나가도록 공부시키지 않으면 부작용에 시달리게 된다는 것을 잊지 말기 바란다.

둘째, 개념의 도구화를 위해 '한줄개념'을 외우고 있나요?

여러분의 자녀나 학생에게 '자연수가 뭐야?', '곱하기가 뭐야?', '나누기가 뭐야?', '분수가 뭐야?', '분수의 성질이 뭐야?' 등을 물어보면, 아이가 각각 '자연에 있는 수', '같은 수의 더하기', '같은 수의 빼기가 몇 번 뺐는지 세기가 귀찮아서 만든 것', '분모만큼 나누어 분자만큼 표시한 수', '한 분수에서 분모와 분자에 0이 아닌 같은 수를 곱하거나 나누어도 그 크기는 같다.' 등이라고 말할 수 없다면 개념을 도구화하는 작업을 하지 않는 것이다. 누군가는 "이런 개념이 교과서에 나와 있지 않았기에 아이들이 말할 수 없는 것이다."라고 할지도 모른다. 바로 그래서 필자가 교과서에 개념이 없다고 하는 것이다. 또 혹자는 "교과서에 저런 말이 안 써 있지만 선생님들이 충분히 설명한다."고 말할지도 모르겠다. 동의하기 어렵지만, 설사 선생님들이 충분히 설명해서 아이들이 5~10분 그 개념을 설명할 수 있게 한다 해도 사용이 불가능하다. 도구가 집채만할 수는 없다. 5~10분 설명한 것을 도구로 문제를 풀 수는 없다. 그동안 아이가 학교에서 선생님에게 설명을 잘 들었는데, 문제를 못 푸니 설명이 부족하거나 이해가 부족한 줄로 알고 아이를 다시 학원에 보낸 것이다. 학원에 가서 학교선생님과 똑같은 설명을 들어봐야 여전히 문제를 못 푸니 학원은 문제 푸는 기술로 문제를 풀려서 집에 보낸다.

셋째, 연역적인 사고를 가르치려 하는가?

연산과 개념을 도구로 하여 푼다는 것의 사고 체계를 연역법이라고 한다. 수학을 연역법으로 가르쳐야 된다는 것은 논의의 여지가 없다. 논리적인 글들의 대부분은 연역적인 글들이고, 수능의 영어나 언어영역 지문의 90%는 두괄식의 연역적인 글이다. 그러나 초중등생들은 연역적인 사고가 아직은 어려우니 귀납법으로 수학을 가르치자는 것이 수학교육자들의 생각이다. 연역법으로 수학을 가르치기가 어려운 것에 한하여 귀납법을 적용하는 것에 반대를 하는 것은 아니다. 그런데 현재 수학교육은 초등6년, 중학3년 그리고 고1까지 10년을 모두 귀납법으로 수학을 가르치다가 대부분 수포자가 된다. 연역적인 수학의 특성을 무시하는 교육이라면 과연 수학을 공부시키는 것은 맞는지 반문하는 것이다. 필자가 보기에 모두 수학을 못하게 만드는 것 같다. 마치 아이가 아직 수영을 하는 것은 위험하다고 또 물을 좋아하게 만든다며 물의 높이가 무릎에 이르는 풀장에 10년간 놀게 하다가, 고2가 되면 이제 컸으니 갑자기 깊은 곳에서 수영을 하라고 시키는 것 같다.

넷째, 수학의 기본인 연산, 개념, 논리가 자라고 있는가?

많은 학부모나 학생들은 기본은 되었다며 확장된 것을 공부하고 싶어 한다. 그러나 기본은 끝낼 수 있는 것이 아니다. 역사상 모든 위대한 인물은 기본을 충실히 하여 만들어졌지, 요령이나 지름길로 가서 된 경우는 없었다. 또한 위대한 인물이 되고 나서도 계속 기본을 지켰다. 예를 들어 위대한 농구선수라면, 농구의 기본인 드리블이나 슛을 혼자서 매일 빠짐없이 수백 개씩 죽을 힘을 다해 연습함으로써 그 자리에 도달한 것이다. 위대한 농구선수가 되고 나서도 기본을 도외시하거나 특별한 기술에만 치중하지 않는다는 것이다. 그렇다면 수학을 잘하는 사람이 되려면 당연히 기본을 충실히 하여야 한다. 정의에 의하면 연산과 개념을 가지고 집요함과 논리력을 기르는 것이며 이것이 반복되는 구조를 가진다. 결국 기본은 연산과 개념에 논리가 추가된다. 단 한 문제를 풀어도 연산이나 개념이나 논리가 자랐는가를 생각해야 한다. 기본인 연산, 개념, 논리는 완벽해질 수 있는 것이 아니라 완벽해지려고 평생을 노력해야 한다.

다섯째, 학생들의 실력이 자라고 있는가?

아이가 학원에서 중학교 3년 동안 열심히 수학문제를 풀어도 수학 실력은 그대로이고 대부분 고1에서 수포자가 된다. 대치동에서 빡세게 가르치거나 내 아이는 열심히 하니까 아니라고 하고 싶겠지만, 통계가 똑같다고 말해 준다. 필자가 보기에 생각을 크게 필요로 하지 않는 방정식과 같은 연산과 일부 개념만 자랐고, 3년 동안 목표로 하는 집요함이나 논리는 거의 자라지 않았기에 실력이 자란 것이 아니다. 이유는 간단하다. 수학이 어렵다며 변형을 해서 수학이 아닌 걸로 만들었고 그나마도 학생들의 실력에 맞춰서 기술을 가르치거나 선생님들이 친절하게 문제를 풀어주었다. 개념도 없는 아이에게 선생님이 수학문제를 풀어주는 것은 수영하는 것을 보여주고 수영 실력이 늘거라고 생각하는 것과 같다. 지금의 교육은 학생들의 실력을 변화시키려는 것이 아니라 학생의 실력은 그대로 두고 수학을 변형하려 들고 있다. 아이에게 맞춰 쉬운 문제부터 차곡차곡 다지다가 보면 언젠가 수학이 잘 되리라고 생각하는 학부모가 많다. 이런 생각을 가진 학부모는 모두 아이에게 수학을 못하는 길로 인도하는 중이다. 교육은 변화인데, 학생의 변화를 요구하는 포인트가 보이지 않는다.

여섯째, 개념을 사용하여 문제를 풀었는가?

어려운 문제를 오랫동안 낑낑거리고 풀면, 수학 실력이 자라는 줄로 오해하는 학부모나 선생님들이 많다. 집요함은 어려운 수학 문제를 풀기 위해서 꼭 필요한 능력이지만, 수학 실력은 아니다. 어려운 문제를 낑낑대며 풀었다면, 아이에게 그 문제에서 사용된 개념이 무엇이었는지 물어보고, 며칠이 지나도 다시 풀 수 있겠냐는 물음에 대답할 수 없다면, 개념으로 문제를 푼 것이 아니라서 집요함은 늘었을지 모르지만 수학 실력이 자란 것이 아니다. 아무 도움 없이 혼자서 수학문제집을 푸는 아이들에게서 흔히 나타나는 현상이다. 또는 유형의 문제를 많이 풀어서 학교 시험 점수가 높아졌지만 여전히 어려운 문제를 못 풀게 되니, 공부방법을 바꿔서 해답지를 보지 말고 끝까지 풀라고 하는 수학교습소를 보냈을 때 이런 현상이 나타난다. 그런데 진도는 진도대로 느리고 학교 시험 점수가 안 나오거나 내려가서 다시 유형 풀이로 되돌아오는 경우도 많다. 그래서 유형풀이의 양치기로도 안 되고 어려운 문제를 집요하게 풀어도 안 된다며 수학은 어찌해야 되는지 모르겠다고 한다. 양치기도 어려운 문제 끝까지 풀어도 모두 개념 없이 풀어서 효과가 없는 것이다. 어느 교육기관이든 개념을 가르치고 문제를 풀린다고 하겠지만, 교과서에 있는 것을 가르치니 개념이 없었다. 개념을 제대로 가르치고 한 문제 한 문제 집요하게 푼다면 다를 것이다.

일곱째, 처음 보거나 어려운 문제를 풀기 위해 안간힘을 쓰고 있는가?

초중등의 수학에서 새로운 문제가 만들어지는 곳이 없다. 그러다 보니 중학교의 문제집을 5~6권 정도 풀면, 학교의 시험문제나 학원의 테스트문제도 모두 돌고 도는 것을 알게 될 것이다. 따라서 문제집을 여러 권 풀어서 시험점수가 높은 중학생을 실력이 높은 것으로 착각해서는 안 된다. 풀었던 문제를 다시 푸는 것이 문제해결력도 아니고 실력은 더더욱 아니다. 그래서 아이들이 유형문제들을 찾아다니는 것이다. 그러다가 신유형을 만나면, 처음 보는 문제라면서 선생님에게 풀어달라고 한다. 처음 보는 문제나 어려운 문제를 만났을 때, 비로소 개념으로 공부한 사람과 그렇지 않은 사람이 갈리는 지점이다. 처음 보는 문제나 어려운 문제를 푸는 열쇠는 오로지 개념밖에 없다. 개념으로 풀면 쉬워진다는 것이 아니라 풀 수 있다는 것이다. 처음 보는 문제나 어려운 문제에 혼신의 힘을 다할 때만이 자신의 실력이 도약된다. 비약을 하려면 아이들이 힘이 드니, 조금씩 점진적으로 실력을 올리고 싶겠지만 그런 길은 없다. 실력은 끊임없이 기본을 다지며 도약을 위해 안간힘을 써야 가능하다.

단 하나의 수학문제를 풀어도 연산의 도구화, 개념의 도구화, 연역법으로 풀기, 그 문제로부터 얻을 것을 끝까지 얻기 등 학생의 실력에 구체적 도움이 무엇이었는지를 점검해야 실력이 느는 올바른 수학교육이다. 귀찮고 힘들어도 올바른 수학교육을 포기하지 않기 바란다. 기술로 푸는 것을 개념으로 풀었다고 착각하는 경우가 많다. '이렇게 푸는 거야.'라는 모든 것들에 대해서 '왜 그렇지?'라는 질문을 하고 답하지 못한다면 기술일 가능성이 높다. 계속해서 끝까지 질문하여야 비로소 수학 실력과 관계되는 개념과 마주하게 된다.

<팁> 수학에서의 개념

이공계의 전문가들은 무엇을 하든 가장 먼저 정의부터 찾고, 그 정의대로 문제를 해결하려 한다. 그러나 많은 학부모들은 경험이나 느낌이 중요하고 귀납적인 사고방식에서 벗어나지 못하였다. 그래서 인문학이나 사회과학에서 사용되는 개념과 수학에서 사용되는 개념은 완전히 다르지만 구분하지 못한다. 그래서 수학공부 방법을 인문, 사회과학적으로 이해하는 오류를 범하는 것 같다. 예를 들어 사과의 개념을 가지고 비교해 본다.

인문학이나 과학적으로 사과란 무엇일까? 사과는 작고 파란 열매가 점점 자라서 어른 주먹만 하게 자라며 점점 빨갛게 변하고 먹어보면 단맛이 난다. 그러면 무의식적으로 서로 약속을 한 것도 아닌데, 최종적인 모습만이 머릿속에 그려져 '둥글고 빨갛고 단맛이 나는 과일'이라고 말한다. 사람들이 수학의 개념도 이처럼 만들어 낼 수 있는 것으로 착각한다. 우리가 일상생활에서 많은 것들을 이처럼 귀납적 방법으로 무언가를 범주화시킬 수 있기 때문이다. 그런데 사과를 '둥글고 빨갛고 단맛이 나는 과일'이라고 말하는 것이 꼭 옳다고 말할 수는 없다. 사과는 둥글지 않은 것도 있고, 빨간 기간보다 파란 기간이 더 길며, 단맛보다는 신맛이 더 나는 것들이 있다. 게다가 누군가가 사과는 파랗다거나 노랗다거나 신맛이나 떫은맛이 난다고 말해도 일부는 맞는 말이기에 틀렸다고 할 수도 없다. 그래서 인문학적으로는 통설, 다수설, 유력설, 소수설, 극소수설 등 한 마디로 말해서 유연성을 가지고 있다.

그러나 수학은 완전히 다르다. 수학자가 정의를 내리고 이 정의에 위배된 것은 모두 틀리는 것이다. 사과는 수학의 대상이 아니라서 수학자가 사과의 정의를 내리지 않을 것이다. 그러나 만약 수학자가 사과를 '둥글고 빨갛고 단맛이 나는 과일'이라고 정의를 내렸다고 보자. 정의는 하나이고 사람마다 다르게 해석해서는 안 된다. 둥근 것, 빨간 것, 단맛의 기준들이 각각 마련되어야 하고 이것을 조금만 벗어나면 모두 사과가 아니라고 할 것이다. 그래서 개념은 수학자가 내려야 하며 만고불변의 진리라고 한 것이고, 일반인이 만들 수 없다고 한 것이다. 학생들이나 학부모들이 자꾸 수학에 유연성을 부과하여 문제의 조건을 스스로 왜곡하고 급기야 개념도 자의적으로 해석하여 오개념을 만들어 간다.

수학은 불변하는 객관적인 진리가 있다는 것을 믿는 학문이다. 개념이라는 완벽한 도구를 가지고 구조물들을 하나하나 쌓아 올리는 학문이다. 완벽한 개념들을 사용하면 그 구조물들도 완벽하다는 믿음을 갖고 있는 것이다. 초중등의 학생들에게 잘못되거나 오개념을 만들 수 있는 내용을 가르치는 것은 수학의 특성상 치명적이다. 만약 된장찌개를 끓이면서 재료 중에 하나가 이상하거나 썩었다면, 아깝다고 다른 대체 재료가 없다 해도 그 재료를 그대로 사용하지는 않을 것이다. 인문, 사화과학과 같이 귀납법을 사용하는 다른 모든 학문이 오류와 후퇴로 점철된 역사를 가진 반면, 이렇게 엄격하게 개념을 사용하였기에 수학은 지난 3000년을 후퇴없이 발전하는 유일한 학문이 되었다.

따라서 수학문제는 오류없는 개념을 배우고 이것을 가지고 풀어서 개념을 튼튼히 하는 실력을 키워가야 한다. 그래야 고등

수학의 구조물들을 이해할 수 있는 올바른 초중등의 수학준비 가 된다.

1-5. 심화와 선행을 두고 싸우지 마라.

학부모들은 심화를 해가며 선행도 하고 싶다. 그런데 전문가들의 말대로 개념, 기본, 응용, 심화로 이어지는 문제집들을 다음 진도를 나가라는 정답률까지 맞추면서 선행을 하기가 힘들다 못해 불가능해 보인다. 그러면 학부모들은 아이의 능력이 부족한 것인지, 학부모가 방법을 잘못 제시하는 것인지, 기를 쓰고 그대로 밀고 나가야 하는지 등 갈팡질팡하게 된다. 이때 전문가들이 나서서 학부모들의 선택을 도와주려고 한다. 학부모들이 심화와 선행을 모두 하고 싶어 한다는 것을 알기에 극단적으로 심화와 선행을 분리하는 전문가들은 거의 없다. 그러니 심화와 선행 중에 어느 것에 우선권을 주느냐라는 주장만이 있을 뿐이다. 즉 힘들어도 심화해가며 선행을 하라는 전문가들과 선행을 먼저 하면 심화도 해결된다는 전문가들의 주장이 있다. 특히 선행을 통해서 심화를 하라는 주장은 기존의 학부모의 의견과 달라서 오히려 더 설득적이다. 그래서 이미 많은 사람들이 선행을 시행하고 있으니 비전문가들인 학부모로서는 더 헷갈린다. 이런 때는 오히려 조금 한발 물러서서 상식적으로 문제를 바라보는 것도 한 방법이다.

첫째, 심화를 하고 확장을 하는 것이 상식이다.

나무에 동전만 한 구멍을 내려고 할 때, 먼저 송곳으로 뚫고 나서 구멍을 점차 넓히는 것이 상식이다. 동전만 한 구멍을 낸다고 같은 크기의 동전만 한 망치머리로 뚫으려는 나무의 해당부위를 계속 내려치지는 않는다. 선택과 집중 그리고 확장이 모든 일의 방향이다. 그러니 심화를 하고 선행을 하려는 학부모들의 본래 생각이 옳다. 선행을 하여 상위 학년에서 배우는 개념으로 다시 하위 학년의 심화를 처리하라는 것은 문제만을 맞추겠다는 것이다. 심화문제를 푸는 목적은 문제를 풀겠다는 것이 아니라, 제 학년에서 배운 개념을 튼튼히 하려는 것이 목적이다.

둘째, 심화와 선행을 포함하는 보다 근본적인 부분에서 문제가 있다.

심화와 선행의 우선순위 논쟁이 계속되는 이유는 그동안 무엇을 시행했더라도 모두 안 되었기 때문이다. 그렇다면 심화와 선행을 위해 선결 조건이 있다는 것이다. 무슨 일이든 복잡하다면 방향성, 기본, 깊이, 속도의 순서로 하는 것이 상식이다. 목표라는 방향성을 잡고 이를 위해 기본이 되는 준비를 철저히 한 뒤, 깊이 있게 하면 그다음 속도는 따라붙는 것이다. 깊이 있는 '심화'와 속도를 내는 '선행'이 잘되기 위해서는 방향성을 잃지 않고 기본을 준비해야 한다는 말이다. 앞서 기본은 연산과 개념이고, 기본은 꾸준히 해야 하는 것이지 어느 기간에 끝나는 것이 아니라고 했다. 진도의 문제보다는 깊이 있는 심화를 해야 하고, 심화를 위해 먼저 집요함과 논리라는 목표를 가지고 연산과 개념이라는 기본을 충실히 하여 도약을 꿈꿔야 한다. 한마디로 요약하면, 올바른 개념을 잡고 심화를 하며 필요한 만큼의 선행을 하면 된다는 것이다.

셋째, 현 교육제도를 볼 때, 중 3까지 필요한 선행은 1년이면 된다.

고등선행이 심화보다 우선해야 할 만큼 고등수학의 분량이 많았을 때가 있었다. 그러나 이제 영재학교 등의 특목고를 가려는 경우를 제외하고는 많은 선행은 필요 없다. 우선 고등수학의 분량이 학부모들의 학창시절에 비해서 최소 30% 이상 획기적으로 줄었기 때문이다. 분량이 줄었다는 것은 그만큼 심화의 필요성이 높아졌다는 것이다. 또한 수능에서 킬러문제 2개가 없어지는 대신에 준킬러 문제들이 4~6개로 늘어나는 추세다. 그러면 우선 아이들이 시간 부족을 호소해서 연산의 필요성이 증대된다. 또한 킬러문제를 버렸던 학생들이 여러 개의 준킬러 문제를 버릴 수 없으니 개념과 심화의 필요성이 증대되었다. 급기야 22년도 수능에서는 4점짜리 13개가 모두 신유형이 나왔다. 문제유형을 파던 아이들은 모두 역대 불수능이라고 난리를 쳤다. 그러나 뚜껑을 열어보니 오히려 개념으로 공부한 아이들은 수능시험이 이렇게 쉬워도 되냐고 하였고, 만점자는 2700여 명으로 평상시보다 10배나 증가하였다. 처음 보는 문제와 어려운 문제는 개념 이외에 접근방법이 없다는 것을 명심해야 한다. 이런 수능의 방향은 필자가 보기에 바람직하지만, 그동안 준비한 학부모들의 입장에서는 선행보다 심화로 방향을 선회해야 함을 뜻한다. 중3에서 고1 과정까지 1년을 선행한다면, 고등에서 3과목을 하면 되니 충분하다. 물론 필자는 고2까지 수학을 끝내라고 한다. 그러니 2년간 3과목을 하는 것으로 고1이 잘되고 중학함수 개념만 잘 잡았다면 어렵지 않아서 부담스럽지 않다. 이렇게 본다면 중2까지 중3 과정을 끝내고 중3에서 1년간 고등 1학년을 하는 것으로 진도를 짜면 된다. 게다가 초등6학년, 중1의 2학기, 중2의 1학기의 거의 2년가량이 수학적으로 난이도와 중요도가 떨어진다. 이것을 감안하면 각 학년의 시간을 고스란히 심화에 사용해도 되니 여유롭게는 아니더라도 충분히 할 수 있을 것이다.

넷째, 전문가들이 하라는 대로 하면, 제대로 된 심화는 아무도 못한다.

고등을 위해 심화문제 풀이는 선택이 아니라 필수라서 모든 아이들이 해야 한다. 전문가들은 개념문제집, 기본문제집, 유형문제집 등을 순차적으로 풀어서 정답률 90%가 넘어야 심화문제를 풀 자격이 있다고 한다. 최소한 개념, 기본, 유형의 문제집을 푼다 해도 3권이고 90%의 정답률이 안 넘으면 문제집을 추가하라고 하니 결국 5~6권 이상을 풀라는 말을 아무렇지도 않게 한다. 현실적으로 한 학기에 5~6권 풀면 시간이 다가서 심화문제를 풀 시간이 없거나 이미 아이는 파김치가 되어 심화문제를 풀 상태가 안 된다. 설사 5~6권을 풀고 심화문제를 푼다 해도 첫 정답률이 반타작을 면치 못하고 오답까지 다했다고 자랑해 봐야 실력은 늘지 않는다. 문제집을 많이 풀어서 수학을 해결하려는 모든 전략은 아이도 부모도 힘들뿐 모두 실패한다. 만약 실패하지 않으면 이미 머리가 좋고 의지력과 집중력이 있는 상위 0.8% 이내의 학생이다. 이들도 원래의 자원을 손실을 봤더라도 공부를 잘한다는 것이지 결국 잘못된 공부의 피해자인 것은 같다.

다섯째, 심화를 위해 알아야 할 것이 2가지가 있다.

우선 '출발선을 높여야 한다는 것'을 알아야 한다. 출발선을 낮춘 모든 공부방법은 실패이다. 문제집을 선정할 때는 정답률 70~80%를 맞는 쉬운 문제집을 고르라는 등 쉬운 문제집을 계속 풀라는 것은 의도와 상관없이 계속 문제집을 풀려야 해서 심화를 못하게 될 것이다. 또한 아이가 쉬운 문제들에 길들여져서 어려운 문제를 거부할 가능성이 높다. 또한 고등 선행을 한다면서 기본문제들을 쭉쭉 풀면서 선행하고 여러 번 돌리면 나아진다고 하겠지만, 대부분의 아이는 이미 쉬운 문제풀이에 길들여졌다. 국어에서 속독을 먼저 배우면, 정독이 불가능해져서 모든 공부가 끝나는 것과 같다. 개념을 배웠다면 시간을 충분히 주고 처음부터 어려운 문제들만을 풀거나 그냥 심화 문제집부터 풀려라. 그것이 가능하냐는 반문을 할지도 모르지만, 필자가 머리가 아니라 성실한 아이를 뽑아서 2년째 시행하고 있고 통과율 80%이다. 어려운 문제를 푸는 방법은 개념밖에 없고, 세상에 안 가르친 개념, 쉬운 개념, 연습해야 되는 개념만 있을 뿐 어려운 개념은 없다. 개념과 어려운 문제 사이에 유형문제들은 오히려 방해만 일으켜서 더 나쁜 결과를 가져온다.

또 하나 '변화의 방법에는 비약밖에 없다.'는 것을 알아야 한다. 많은 사람들이 공부시간에 비례하여 실력이 올라가지 않고 모든 실력은 계단처럼 상승한다는 것을 알 것이다. 그런데 많은 사람들이 계단의 크기를 착각한다. 조금씩 점진적으로 실력을 변화시키겠다는 것은 계단의 크기가 작아도 되어서 조그만 108개의 계단을 올라가는 것처럼 착각하는 듯 보인다. 비례하는 직선과 작은 계단을 올라가기와 같은 실력 향상의 길은 처음부터 존재하지 않는다. 실력 향상의 계단은 번뇌의 작은 계단 108개와 같은 것이 아니라, 10년 동안 올라가야 할 커다란 계단 2~3개이다. 예를 들어 1개의 계단을 죽을힘을 다해 올라가면 중학교 시험 100점이고, 다시 죽어라고 한 계단만 더 올라가면 고등 1등급이다. 여기에 다시 한 계단만 더 올라가면 세계적인 수준이 되는 것이다. 머리가 좋으면 세계적인 수준의 3계단을 올라갈 것처럼 보이지만 그렇지 않다. 아인슈타인이 말하길, '내가 과학자가 되기 위해서 죽을 힘을 다해 이 자리까지 도달했다.'고 말한다. 머리가 좋은 사람이나 나쁜 사람이나 죽을 만큼 힘을 다해야만 실력 향상이 이루어진다는 것을 알아야 한다. 그런데 모든 전문가들은 스몰스텝을 말하고, 힘들이지 않고 공부를 잘하는 방법이 있는 듯이 학생들을 현혹시키고 있다. 그런 길이 없으니 결국 모든 전문가는 실패할 것이다. 현실적으로 주변에서 조금씩 성적이나 실력이 올라가서 잘하게 된 사람의 사례가 없었을 것이다. 사례가 있다면 하나같이 모두 기본을 죽어라 공부하여 비약적인 성적 향상을 가져왔을 것이다. 필자도 우둔한 탓인지 60 평생 초등학교 때 공부를 못하다가 중고등학교에서 잘했다는 말과 조금씩 실력이 자라서 나중에 잘하게 되었다는 말을 듣지 못했다. 초등학교에서 잘하다가 중학교는 못 하였지만, 나중에 고등학교에서 잘했다는 말도 흔하지는 않지만 듣는다. 모두 기본이 얼마나 중요한지를 보여주는 방증이다. 필자가 만든 사례도 20점에서 100점이 되었지, 단 한 번도 20점, 40점, 60점, 80점, 100점이 된 사례를 보지 못했다. 필자는 20점 받는 중학생을 데려다가 초등의 부족부분을 채우는데, 1년에서 1년 반 정도 기본 실력을 준비하면서 논리와 마음가짐을 변화시켜서 단 번에 100점을 만들었다. 아마도 성적을 올린 사람들은 모두 하나같이 필자의 방법과 유사한 것을 하였을 것이다. 요즈음 전교 바닥이다가 전교 1등이 되었다는 말을 듣기 어렵다. 그만큼 기본을 튼튼히 하는 전문가는 없고, 그때그때 심화니 선행이니 하며 당장 성적을 올리려는 사람이 많음을 방증한다고 볼 수 있다. 모든 위대한 사람은 예외 없이 기본을 계속 기르면서 비약을 이루었다. 지금의 성적과 상관없이 나중에 공부를 잘하고 싶다면, 비약하려는 높이에 비례하는 기본실력을 기르면서 머리가 아플 만큼 깊은 생각을 해야 할 것이다.

<팁> 교과서나 선생님들은 왜 개념이 없을까요?

선생님들이 '교과서에 가장 많은 개념이 있다.'고 하여서, 많은 학부모들은 교과서에 나온 것을 모두 개념이라고 착각하게 되었다. 그러나 초등학교, 중학교 그리고 고1까지의 교과서에 개념이 없으며, 더 심각한 것은 집필진이 개념을 넣을 마음조차 없고, 있던 개념도 자꾸 덜어내고 있다는 것이다. 학생에게는 발견하라고 하고, 선생님들에게는 개념, 원리, 법칙을 학생들이 발견하도록 유도하라면서 넣을 수는 없었을 것이다. 개념을 가르치고자 열성적인 학부모가 교과서에 나와 있는 말들을 아이에게 외우게 시키고 있다가 이 말을 들으면 배신감을 느낄 수도 있을 것이다. 넣지 않으면 설명이 안 되어 어쩔 수 없이 넣은 몇 개의 변형된 개념조차도 그것을 외운다면, 그것을 사용하는 중고등학교에서 오개념을 만들게 되어있다. 나머지는 관찰, 탐구, 발견 등 수학과는 상관없는 실험을 하거나 알고리즘과 같은 절차적인 지식으로 채워졌다. 절차적 지식은 기술이라서 원리가 필요하지만, 역시 원리는 설명하지 않는다.

필자의 “교과서에는 있어야 할 대부분 개념이 없고, 몇 개 있는 것도 오개념이며, 나머지는 기술들이다.”라고 하는 말을 있는 그대로 받아들이는 것이 아니라 강조하는 것으로 받아들인다. 한 번 교과서에 개념이 있다고 믿으면 확증편향이 지속된다. 학교에서 가르친 것이 개념이 아니었기에 아이들에게 문제를 풀리면 풀지 못한다. 백번 양보해서 선생님들이 이해하기 쉽게 가르치고 아이들이 가르친 것을 말로 하였다 해도, 한 줄의 도구로 만들지 못해서 여전히 문제를 못 푼다. 문제를 못 푸니 학부모들은 개념 이해가 부족하다고 판단하고 다시 학원에 보낸다. 그러면 학원에서는 강의의 앞부분에 학교에서 배웠던 것을 개념이라면서 다시 가르친다. 이 상태로 학원에서 문제를 풀린다면 학교에서와 같이 문제를 풀지 못하였을 것이다. 그러나 학원은 학교와 달리 강의의 말미에 문제를 풀 수 있도록 필수 예제문제들을 풀어준다. 강사가 개념 같은 것을 가르칠 때는 문제풀이에 도움이 안 된다고 생각하여 건성으로 듣다가 예제문제풀이는 초집중해서 듣는다. 강사가 예제문제들을 풀어주는 짧은 사이에 모든 기술 전수가 이루어진다. 이때 못 들으면 문제를 못 풀기 때문이다. 개념으로 가르치는 것은 오래 걸리는데, 나쁜 버릇은 쉽게 들어가듯이 기술로 가르치는 것은 진짜 쉽게 들어간다. 아무리 기술을 가르치지 않아도 친구들로부터 한 마디만 들어도 들어가고, 유형문제집이라도 한 번 풀면 온통 사용도 못하는 기술로 가득 찬다.

필자가 강의를 하는 경우에 강의시간 전부를 개념 이해를 위한 설명에 쏟고 예제문제 등 어떤 문제도 풀어주지 않는다. 대신에 개념을 한 줄로 외우게 하고 그것으로 문제를 풀라고 한다. 필자처럼 '한줄개념'으로 가르쳤으면 좋겠지만, 개념이 없어서 가르칠 수가 없다. 그렇다면 왜 교과서나 선생님들은 개념이 없는 것일까?

첫째, 교과서에 개념이 없기 때문에 선생님에게도 개념이 없다.

교과서의 심각한 개념 부족은 결국 그것으로 공부한 선생님의 개념부족으로 이어진다. 역으로 선생님들이 개념이 부족하니 다시 교과서에 개념을 넣을 수가 없다. 초등선생님이 대학에서 전공할 때도 초등 수학문제를 풀거나 연구하는 것이 아니라 교육이론들을 주로 공부할 뿐이다. 현역이기에 좀 더 낫겠지만, 선생님들이 수학에 대해 가지고 있는 것은 학부모들과 별반 다르지 않다.

둘째, 오래 가르친다고 개념이 저절로 생기는 것이 아니다.

아이들을 10~20년 가르치면 선생님들이 많은 개념을 가지고 있을 것 같은 착각이 든다. 그러나 오랫동안 가르쳐도 여전히 개념을 모르는 경우가 많다. 선생님들에게 강의를 해보면, 그런 생각을 처음 해본다는 사람들이 많다. 개념은 수학자들이 만드는 것이니 기본적으로 공부를 해야 하지만 공부할 책이 없다. 책이 아니더라도 현장에서 아이들과 부딪히면서 배울 수 있을 것 같은 생각이 든다. 안 되는 이유를 설명해 본다. 선생님이든 학생이든 이해가 안 되는 수학문제를 처음 보았을 때는 왜 그런지 궁금하다가도, 문제가 풀리면 궁금한 것이 봄날 눈 녹듯이 사라진다. 그렇다고 궁금했던 것을 알게 된 것이 아닌 데도 말이다. 그래서 아이들은 질문하지 않는다. 아이들이 처음 궁금할 때는 논리적으로 질문할 수 없어서인데, 곧 문제를 푸는 기술이라도 알려주면 질문이 없어진다. 선생님이 궁금하려면 처음 문제를 보거나 아이들이 질문을 해야 하는데, 이런 관점에서 보면 오래된 선생님들도 수학이 발전할 기회를 얻지 못한다.

셋째, 개념을 도구로 사용하여 문제를 풀린 적이 없다.

대학의 교육이론이든 교사용지도서이든 개념을 충분히 이해시키라고까지만 하지 '개념으로 문제를 풀려라.'는 말을 하지 않을 것이다. 마치 개념을 충분히 이해하면 문제를 풀 것처럼 말하지만, 아무리 이해를 시켜도 그것만으로 아이들이 문제를 풀지 못할 것이다. 아이들이 개념을 아무리 설명해도 문제를 풀지 못하니 선생님들도 개념이 중요하다고만 하지 실제로는 중요성을 인식하지 못한다. 그래서 개념의 중요성을 가슴 깊이 받아들이지 못했을 가능성이 높다. 개념으로 수학문제를 풀 것이 아니라면 무엇 때문에 가르쳤단 말인가? 개념은 중요하며 또한 문제를 푸는 도구로써의 개념은 모두 한 줄이라는 것을 받아들였으면 좋겠다. 고 2부터 정의, 정리 등의 개념이 나오는데, 모두 한 줄로 되어있었을 것이다. 필자가 만든 '한줄개념'으로 문제를 풀리면, 아이들이 예제문제들을 기술로 풀어주지 않아도 문제를 푸는 아이들이 나올 것이다.

넷째, 초중등 수학선생님들이 학창시절에 개념으로 공부를 못했을 가능성이 높다.

고등학교에서 유형문제풀이를 아무리 많이 한다 해도 모의고사나 수능에서 도달할 수 있는 최고 등급이 3등급이다. 초중등의 학부모들은 3등급을 우습게 여길지도 모르겠지만, 고등에서 3등급은 못하는 등급이 아니다. 그러나 3등급 이하는 개념으로 공부하지 않은 사람이고, 새로운 문제를 한 문제도 못 맞힌 사람이기도 하다. 1~2등급의 사람들이 수학선생님을 한다면 급여를 많이 받는 고등부를 맡을 가능성이 높다. 그렇다면 중등부 수학강사는 3등급 이하일 가능성이 높다. 그리고 자신이 했던 유형문제풀이의 공부방법을 다시 학생에게 적용할 가능성이 높다. 초등학교의 선생님들도 의심이 간다. 초등선생님들은 모의고사나 수능으로 대학을 간 것이 아니라 내신으로 대학을 갔다. 초등선생님은 고등학교의 내신점수가 월등히 높은 것은 맞지만, 내신은 유형 문제를 많이 풀면 된다. 그래서 내신의 점수가 높은 것을 개념을 잡았다와 등치할 수 없다. 선생님들이 고등학교 학창 시절 아무리 공부를 해도 모의고사가 2등급 이상이 나오지 않았다면, 개념으로 공부하지 않은 것이다. 자신이 했던 유형 문제풀이를 혹시 아이들에게 시키고 있는가를 생각해 보고, 개념으로 가르치는 방법으로 바꾸기를 바라는 마음으로 누군가에게는 가슴 아플 수 있는 이야기를 했다.

2부

학부모들의 착각

- 2-1. 학부모들은 전문가들에 의해 설정당했다.
- 2-2. '초중등 성적을 위해서 한 방법들'이 세뇌되어, 고등수학을 망친다.
- 2-3. 공부는 아이가 한다.
- 2-4. 모든 솔루션교육은 잘못된 것이다.
- 2-5. 보통의 아이를 영재로 만들기

2부
학부모들의 착각

검증되지 않는 것은 모두 판단을 유보하라.

혼탁한 교육정보에 대하여 니체는 말할 것이다.

"판단하라. 그러면 시대가 너를 관통할 것이다." 다시 니체가 말한다.

"판단을 포기하라. 그러면 남들이 하라는 대로 하게 될 것이다."

상반되는 위 두 말을 듣고 "그럼 어쩌란 말이냐?"라는 부모에게 조안호가 말했다.

"판단을 유보하라. 올바른 판단을 위한 시간을 확보할 수 있을 것이다."

2-1. 학부모들은 전문가들에 의해 설정당했다.

"지금도 남편은 자기가 스스로 판단하여 데이트 신청도 하고 청혼을 한 줄 안다."

'무슨 말이야?'하는 분들도 있겠지만, 웃음 짓는 엄마도 많을 것이다. 이제 똑같이 학부모들이 전문가들에 의해 설정당하고 있다. 학부모들이 지금 교육에 대해 알고 있는 것들이 전문가들로부터 설정당했지만, 스스로의 판단으로 아이의 교육을 진행하고 있다고 착각한다. 열심히 책을 보고 학원을 찾아다니며 유튜브나 블로그 등 SNS에서 적극적으로 많은 정보를 수집한 학부모일수록 확신한다. 심지어는 웬만한 전문가보다도 자신이 더 많이 안다고 생각하고 남들에게 전파까지 한다. 그럴 수도 있지만, 문제는 정보들이 올바르냐는 것이다. 아는 만큼 착각도 크다. 많은 정보를 가진 사람들은 잘못도 디테일하게 저지를 수 있다. 그러나 주어진 정보가 옳고 그름이 생각만큼 쉽게 구분되지 않는다. 학창 시절부터 권위적인 인쇄물이나 교과서 등을 무비판적으로 외우는 교육에 익숙해져 있고, 정보가 너무 많아서 각각을 판별할 시간과 열정이 부족하다. 그래서 현대사회에서는 하나의 인과관계가 성립만 하면, 마치 옳은 것으로 판단하는 경향이 있다. 예를 들어, 많은 학부모들은 '문제를 많이 푸니 수학을 잘할 것이다.'가 맞아 보인다. 그래서 아이들에게 문제를 그렇게 많이 풀리는 것이다. 그런데 건강에 대해서 조금의 관심과 정보만이라도 가진 사람이라면, 이 말이 '밥을 많이 먹으니 건강할 것이다.'처럼 인과관계가 떨어진다는 것을 알 수 있다.

유형문제풀이로 잘못되어 뼈저리게 후회하던 학부모들은 사라지고, 새로이 교육시장에 진입하는 학부모들은 모든 것이 새롭다.

유튜브를 보면 학원을 몇십 년 운영했다거나 유명 대학 출신의 학원장들이 나와서 "학원에 오는 아이들을 테스트해서 상중하로 분류한다. 상위권은 개념문제집, 유형문제집, 심화 문제집 등 3권을 돌린다. 그런데 유형문제집에서 90점 이상이 나오지 않으면, 유형문제집을 하나 더 풀린다. 중위권은 개념문제집, 기본문제집, 유형문제집, 심화문제집을 ….", "개념문제집은 무엇들이 있는데 무엇이 좋고, 심화 문제집은 무엇들이 있고 어떤 아이들에게 …" 등을 말한다. 어떤 특별한 학원에서만 이루어지는 일이 아니라, 일반적인 대한민국의 대부분 학원에서 일어나는 일이다. 대한민국의 모든 보습학원이 분당 200여 원을 받을 때, 이미 학원프로그램의 종류는 정해졌다. 상중하로 나눈 아이들 능력에 맞추어 이해하기 쉽도록 선생님이 설명하고 문제들을 풀어주면서 최대한 많은 시간을 학원에 붙잡아서 순차적으로 최대한 많은 문제집을 풀린다. 그런데 수십 년 동안 이런 일이 학원에서 벌어졌지만, 결국 대부분의 학생들이 수포자가 되었다. 학원의 현실을 아는 필자로서는 처음에 '수십 년간 실패한 방법을 말하는 학원장들이나 그것을 듣고 알려줘서 고맙다며 격하게 공감하는 학부모들'이 모두 이해가 안 되었다. 학원들의 프로그램대로 3~6년간 빡세게 문제집을 풀었다가 이것이 안 된다는 것을 아는 학부모들은 아이와 함께 졸업했다. 그 후 잘했든 못했든 관심이 떨어져서 이제 이런 교육 유튜브를 보지도 않는다. 이제 새로운 교육 수요자인 학부모들이 유튜브나 블로그에 들어와서 보는데, 원장들의 말이 새내기 학부모들에게는 새롭고 아이를 위하는 진정성이 느껴진다. 오 마이 갓! 첫 도미노가 넘어갔다. 이제 '유형 문제풀이식의 교육방식으로는 안 되더라.'는 선배 학부모의 말에, '그러면 어떻게 하느냐?'는 반문으로 입을 막는다. 이런 식으로 학부모들의 세대교체가 일어나고 단절된다면, 경험들은 공유되지 않고 잘못된 교육은 바뀌지 않는다.

통계상 수학교육이 안 된다고 하는데, 남들과 똑같이 대세에 따른다는 것은 수포자의 절벽으로 함께 떨어지자는 것이다.

대부분의 학부모는 수포자이고, 또 기껏 아이 한 둘을 낳아 처음 가르친다. 유튜브나 블로그 등 주변의 정보들을 맞다고 판단하거나, 권위 있는 학원장 등의 전문가들에게 전적으로 의탁하고 싶을 것이다. 잘못된 교육이 대세이니 주변의 말을 믿는 섣부른 판단은 위험하다. 더구나 1부에서 보았듯이 전문가가 더 편협한 대안을 내놓을 수도 있다. 결국 학부모는 판단을 유보하고 포기하지 않으며 주체적으로 올바른 교육을 찾아 나가야 한다. 그렇다고 아이의 교육을 한없이 기다릴 수는 없다. 그래서 '수학교육의 정의'를 말한 것이다. 수학교육의 정의에 해당하는 것을 학부모가 해주든가 아니면 주변의 교육에 위탁하더라도 정의와 부합하는지를 계속 확인해야 한다. 단 한 발걸음도 수학교육의 목표와 다른 방향으로 가서는 안 된다. 올바른 교육의 길을 찾는 방법은 전문가들의 권위에 굴복하지 않고, '왜?'라는 질문을 계속해야 한다. 그래서 전체가 보여야 한다. 정보가 올바르다는 판단은 객관적인 실험을 거치거나 주어진 정보가 전체 속에서도 맞는지까지 확인하고 해야 된다. 이렇게까지 해야 되느냐고 반문할지 모르겠다. 진리에 이르는 길은 험난하고, 진리보다 더 소중한 자식을 올바르게 키우는 일이다. 대신에 필자가 전문가들이 학부모들에게 했던 대표적인 말들을 적어보고 보정해 보겠다. 학부모님들이 어디선가 들었던 소리들일 것이다.

"쉬지 않고 연산을 꾸준히 5~6년은 해야 한다."

위의 말은 연산학습지가 학부모들에게 심어 놓은 것이다. 연산학습지가 스몰스텝이라서 오래 걸리고, 길게 해야 아이의 연산실력이 유지되고 수익이 발생하기 때문이다. 그러나 연산의 정확도와 빠르기를 위한 내용과 목표를 정해서 회복탄력성을 끊어 놓으면 길게 하지 않아도 된다.

"연산을 자꾸 시켜서 아이들의 창의력이 떨어지니, 연산학습지를 시키지 마라."

옛날에는 주로 수학자가 하던 말인데, 요즘에는 고등 일타강사나 주로 현장 경험이 없이 교육계에 들어온 사람들이 하는 말이다. 연산이 창의력을 크게 훼손하는 것은 학습지나 문제집에서 큰 수를 다루기 때문이다. 하지만 그분들이 고등수학문제나 대학수학문제를 풀면서 10개 정도는 암산이 된다. 연산 연습의 목표는 그 분들이 되고 있는 작은 수 10개 정도를 암산하겠다는 것이다. 작은 수의 연산을 목표에 도달하도록 해서 부작용을 최소화해야 한다.

"내가 20년간 고등수학을 가르쳤는데, 연산 때문에 힘든 아이는 없었다."

이 말은 주로 고등 수학선생님이 하시는 말씀이다. 초등 학부모로서는 아이가 최종적으로 가야 할 곳의 수학선생님이라서 한 말씀이라도 놓치고 싶지 않다. 그러나 연산이 안 되면, 초중등의 어느 시점에서 수학을 포기한다. 고등학교에서 수학을 공부하는 아이는 이미 연산의 실력이 상위 20% 안에 들어가는 아이들뿐이다.

"연산을 빡세게 해서 빨리 끝내고, 그다음 개념을 가르치거나 진도를 빼야 한다."

가르칠 것이 연산밖에 없는 연산전문 학원장이나 연산전문 프로그램을 운영하는 사람들이 하는 말이다. 빠른 선행을 하고 싶은 부모에게 유혹적이다. 언뜻 들어보면 무척 효율적일 것 같지만, 연산을 빡세게 하면서 대충 하거나 생각 없는 아이로 변질되는 부작용이 심화된다. 연산만을 빡세게 하는 것은 절대 안 된다. 능률을 빼고 효과만을 생각하면서 연산, 개념, 심화를 동시에 해나가야 한다.

"연산을 풀리기 전에 연산의 개념과 원리부터 차곡차곡 가르치면, 많이 풀리지 않아도 된다."

주로 개념을 가르치라는 초등선생님의 말씀이다. 기본적으로 연산도 개념과 원리를 가르치라는 말씀은 맞지만, 연산 연습은 많이 해야 한다. 또 한 초등 저학년에서는 약간 다르다. 우리가 한글을 배울 때, '가나다라…'부터 했지 한글창제원리를 가르치면 한글을 저절로 깨치겠다는 것은 어불성설이다. 한글 창제 원리는 논리가 충분히 발달한 중고등학교에서 배웠다. 초등 저학년에서는 연산에 개념이 별로 없고 가르쳐도 효과가 없으니, 암산력과 빠르기를 기르는 연산 훈련을 충분히 해야 한다. 이 시기는 개념이 없으니 어려운 문제를 주는 것도 바람직하지 않다. 그렇다고 연산만 가르치면 부작용이 우려되니, 대신에 책을 많이 읽도록 독려해 주자.

"문제마다 모두 연산을 사용한다. 연산이 부족하면 나중에 연산문제집 몇 권 풀리면 된다."

연산은 생각하는 문제와 결이 다르고 추구하는 방향이 달라서 별도로 길러야 한다. 연산을 별도로 기르라는 원장도 있지만, 많은 경우 연산을 무시하거나 생각하지 않게 하는 부작용이 있다며 연산하지 말라는 원장이 압도적으로 많다. 기본적으로 학원은 연산을 가르치는 프로그램이 없기 때문이다. 테스트해서 실력이 바닥인 아이들을 받지 않는 경우도 있는데, 바로 실력이 바닥인 아이들이 연산이 안 되는 아이들이다. 물론 연산을 시켜본 적이 있다는 학원장도 있을 것이다. 연산이 안 되면 수학이 아예 안 되기 때문에, 주로 4~5학년을 대상으로 큰 수의 세로셈을 연습시키는 경우가 대부분이다. 이렇게 큰 수를 시키면 연산도 안 되고 점점 더 상태가 나빠져서 수포자가 되니 연산훈련이 나쁘다는 인상을 받았을 것이다. 학원만 운영해본 원장님이라면, 연산에 관한 한 비전문가이다. 연산부족을 느끼는 중고등학교에서 연산 문제집을 3~4권 푼다고 된다면, 연산학습지나 연산프로그램들이 처음부터 존재하지도 않았다. 참고로 조안호연산은 3년간 하루 10~15분씩 약 200권 분량(1권에 2000문제 기준)의 연산문제를 푼다.

"어떤 개념서가 좋은지 묻지 마라. 시중의 개념들을 분석해 봤더니 모두 똑같더라."

개념서를 찾아서 이것저것 가르쳐본 오래된 과외 선생님이 주로 하는 말이다. 맞는 말이다. 시중의 참고서나 문제집들에 개념을 설명하는 부분이 모두 교과서의 내용이다. 또 초중등의 개념사전들이 있는데, 이것들도 모두 교과서의 내용과 같다. 그런데 교과서가 개념이 없고 오개념으로 이끌거나 기술들이라고 했다. 현재로서는 교과서의 내용과 달리 개념을 넣으려고 노력한 책이 필자의 책밖에 없다.

"내 자식은 못 가르치겠더라."

모든 사교육 종사자들이 이유도 모르면서 이구동성으로 하는 말이다. 내 자식을 못 가르치겠다니 남의 자식은 가르칠 수 있다는 말이 된다. 그러니 자칫 사교육을 조장하는 말이 될 수 있어 정확하게 이해하는 것이 좋다. 그런데 아무도 이유를 모르는 것 같다. 남의 자식도 내 자식도 모두 잘되기를 바라는 마음은 같다. 그런데 실력을 올리는 방법으로 남의 자식은 문제를 풀리려고 하고, 내 자식은 실력 자체가 커지기를 원한다는 차이가 있다. 남의 자식이 문제를 못 풀 때는 선생님인 자신이 잘못 가르쳐서 그런 것이니 화가 나지 않는다. 그런데 내 자식이 멍때리거나 못 풀 때는 실력을 높여야 하는 책임이 자식에게 있다고 생각해서 화가 난다. 간단하다. 개념을 가르치고 그것으로 풀게 해서 실력이 높아지는 것이 보이면, 남의 자식이든 내 자식이든 화가 나지 않는다.

"초중등의 개념은 스스로 깨우칠 수 있다. 학생 자신에게 공을 넘겨야 한다."

새로운 공부 방법을 찾는 학원장의 말이다. 이것저것 찾다가 나온 대안으로 스스로 외우라고 윽박지르는 것이다. 원래가 수학의 개념은 수학자가 만드는 것이라서 스스로 깨우칠 수가 없는 학문이다. 아이가 어릴수록 개념을 설명하기는 더 어렵고, 수학도 기본적인 것을 가르칠 때가 가장 어렵다. 따라서 초중등의 개념이 가르치기가 가장 어려우며 스스로 깨우치기는 더더욱 어렵다. 초중등 교과서가 개념을 넣지 못하고 변형해서 화를 자초하고 있는 이유도 초중등에서 개념을 가르치기가 어렵기 때문이다. 초중등에서 개념은 최대한 이해하기 쉽게 가르치고 최종적으로 '한줄개념'을 외워야 한다.

"개념을 외운다 해도 문제가 풀리는 것은 아니다. 하지만 외워야 하니 마인드맵이나 플립러닝을 하자."

새로운 방법을 찾는 중등학원장이 하는 말이다. '개념을 가지고 문제를 푸는 것'이 맞는 방법이다. 그런데 교과서에 나와 있는 것을 개념이라고 생각하고 외웠지만 문제가 풀리지 않는 것을 보고, 문제가 풀리지 않더라도 개념은 외워야 한다고 논리가 잘못 전개된 것이다. 교과서에 나와 있는 것이 개념이 아니라는 것을 꿈에도 생각하지 못하여 벌어지는 일이다. 이래저래 아이만 고생이다.

"문제집에서 개념은 앞부분에서 설명하는 데까지라고 생각하는 사람이 많은데, 설명하고 나서 기본예제까지가 개념이다."

새로운 학습법을 찾는 중고등학원장들이 하는 말이다. 대부분의 학원은 문제를 풀리기 전에 5~10분을 설명하고 예제문제를 풀어준 뒤에 학생들에게 문제들을 풀라고 한다. 교과서나 문제집 앞에 있는 내용이 같고 그것이 개념이 아니라고 했다. 그런데 이것을 선생님들이 개념이라고 생각하고 설명한 뒤 곧바로 문제를 풀리면 아이들이 문제를 못 푼다. 그런데 설명 후에 기본예제를 선생님이 풀어주고 아이들한테 풀라 하니 풀더라는 것이다. 그래서 기본예제까지가 개념이라는 허무맹랑한 발상을 하게 된 것이다. 개념처럼 보이는 것이 개념이 아니었고 기본예제를 풀면서 기술이 들어간 것이다. 기술이 들어갔으니 문제가 풀리는 것이고, 안타깝게도 이제부터 아이들이 기술로 문제를 풀게 된 것이다. 기술이 먼저 들어가면 개념은 요원해진다.

"공부를 잘하는 아이는 해답지를 잘 이용해서 공부를 잘하게 되었다."

명문대 졸업생들이 고1들을 멘토링하면서 주로 하는 말이다. 고1까지 문제집 앞부분에 있는 것이 개념이 아니고 기본예제는 기술을 가르친다고 했다. 그렇다면 수학문제를 풀기 전에 개념을 익힌 적이 없이 문제를 푸는 꼴이다. 그때 머리 좋은 아이들은 해답지를 보고 문제들에 있는 공통개념들을 추출할 수 있다. 그런데 이처럼 해답지들을 보고 개념을 만들어 낼 수 있는 머리와 집요함을 갖춘 정말 소수의 아이들이다. 결론적으로 머리가 좋은 소수의 아이들은 고1까지는 해답지를 통해서 가능하다. 그러나 '일반적인 아이들은 이 방법이 소용 없다.'가 결론이다. 그렇다면 일반적인 아이들은 어떻게 하냐고 물을 것이다. 아무것도 모르는 상태에서 끝까지 해답지를 보지 말고 문제를 풀라면 졸음밖에 오지 않는다. 우선 필자의 개념사전으로 해당 개념을 찾아서 문제가 요구하는 것을 알아내려고 해야 한다. 문제를 이해하고도 문제가 풀리지 않으면 이제 해답지를 보아도 좋다. 그런데 끝까지 문제가 요구하는 것을 이해하지못한다면 해답지를 끝까지 보지 말아야 한다. 묻는 것이 무엇인지도 모르면서 답을 봐야 소용 없다. 이런 방법으로 혼자 하는 것이 최선이고, 안 되면 필자의 개념커뮤니티에 참여하기 바란다.

"고등수학은 거대한 에베레스트와 같은 산을 올라가는 것이다. 최신장비와 셀파 등도 있어야 한다."

새로운 학습법을 찾는 중고등학원장이 하는 말이다. 수학을 두려워하게 하고 사교육을 조장시키는 말로 사용된다면 잘못된 말이다. 수학은 거대한 하나의 산을 올라가는 일이 아니라, 지리산

종주처럼 첩첩산중에 들어가는 것과 같다는 표현이 좀 더 올바른 것 같다. 에베레스트산은 전문가 등반용이고, 지리산은 일반인들도 얼마든지 등반이 가능한 곳이다. 고등수학은 모든 국민이 배워야 하는 국민공통과목이지 전문가용이 아니다. 모든 사람은 연습을 하면, 자기 몸무게 정도는 들어 올릴 수 있다고 한다. 수학은 딱 그 정도 무게다. 어른들이 잘못 인도해서 그렇지 고등수학은 올바르게 훈련만 하면 모든 사람이 도달하는 지점이 존재한다.

"초등심화를 오랫동안 가르쳐봤더니 소용이 없더라. 차라리 선행을 해서 중등개념으로 풀어라"

중등수학학원장이 주로 하는 말로 이 부분은 앞에서 설명했다. 기억하라고 발문만 했다.

"끝까지 해답지를 보지 마라. 선행이 중요한 것이 아니다. 심화문제를 시간이 얼마가 걸리든지 끝까지 해답지 보지 않고 네 힘으로 풀어라."

동네 학원장이나 수학교습소에서 주로 하는 말이다. 문제유형 풀이를 많이 하였으나 어려운 문제를 여전히 풀지 못하는 학부모들이 심화문제집을 일대일로 다루게 하면서 다니게 되는 학원이다. 아이가 열심히 하였을 때, 집요함이 늘고 수학이 좋아질 수 있으나 실력이 늘지 않을 수 있다. 심하면 학교성적은 더 떨어질 것이다. 교과서에 있는 내용을 개념이라고 외워서 문제를 풀기 때문이다. 개념 없이 문제를 풀면 개념이 자라지 않으니 수학의 실력은 자라지 않는 것이다. 다만 집요함이 늘어서 계속하면 고2부터 좋아질 수 있으나 그 긴 기간을 참고 인내할 학생과 학부모는 많지 않다.

"아이를 상중하로 구분하여 거기에 맞게 차례로 문제집의 수준을 높여서 풀어야 한다."

대부분의 수학학원장이 하는 말이지만, 예단하는 것이고 상중하의 모든 아이에게 효과가 없고, 점진적인 실력 향상을 믿는 말이며, 또한 많은 문제집을 풀었지만 효과가 나오고 있지 않은 대표적인 수학공부법이라고 말할 수 있다. 여기에 '학생의 수준에 맞춰서 문제풀이과정을 쉽게 설명해야 한다.'까지 한다면 학생의 실력을 높이지 않겠다고 대놓고 한 말이다. 대한민국은 이처럼 수학이 안 되는 방법만을 골라서 시키고 있다. 이 말의 착각에서 학부모들이 빠져나오지 못한다면, 사교육 광풍은 물론 아이들이 고생만 하다가 수포자가 되는 일이 반복될 것이다.

<팁> 긍정적인 것과 낙천적인 것은 다르다.

많은 사람들이 긍정적인 것과 낙천적인 것을 혼동하는 듯이 보인다. 긍정을 '좋다고 생각하는 것'으로 아는 사람이 많다. 만일 주어진 현실이 안 좋은 데, 좋다고 말하는 것은 긍정이 아니라 망상이고 자기기만이다. '아이가 공부를 하지 않거나 어려운 문제를 피해서 매일 별표를 치고 풀지 않는데도 나중에 잘할 것이다.'라고 생각하는 것은 긍정적인 것이 아니라 부모님이 낙천적인 것이다. 긍정은 '좋게 보는 것'이 아니라 '있는 그대로를 받아들인다는 것'이다. 아이가 어려운 문제에 별표를 치면, 있는 그대로 어려운 문제를 못 풀거나 도망간 것이니 나중에 중고등학교에서 어려운 문제가 나오면 똑같이 행동할 것이라고 생각해야 한다.

인생을 보다 즐겁고 행복하게 살고자 한다면 낙천적으로 사는 것도 한 인생이라고 생각한다. 그런데 주어진 현실을 직시하고 보다 나은 내일을 위해서라면 낙천적이 아니라 긍정적으로 살아야 할 것이다. 이에 관하여 '스톡데일 패러독스'라고 불리는 한 사례를 든다.

옛날에 월남전에서 미군장교였던 짐 스톡데일은 포로수용소에서 8년간의 감옥살이에서 생존한 사람이었다. 석방 후 어느 기자와 인터뷰가 있었다.

"수용소 생활을 견뎌내지 못한 사람들은 어떤 사람들이었습니까?"라는 기자의 질문에 스톡데일은 망설이지 않고 대답했다.
"그들은 모두 대책 없는 낙관주의자들이었습니다."

대책 없는 낙관주의자들은 처음에 크리스마스 특사로 나갈 것이라고 믿었다. "이번 추수감사절이 되면 나가지 않을까?", "삼 년이 되었으니 나가지 않을까?" 등 석방될 날만을 기대하다가 상심하여 죽어갔다. 인생을 살아감에 있어서 희망을 갖는 낙관주의가 필요하다. 그러나 냉혹한 현실 앞에서 포로가 되었음을 수용하고, 살아남기 위한 노력을 해야 하는 것이 진정한 긍정이다. 아이를 키우면서 많은 어려움이 닥쳤을 때, 근거 없는 낙관주의보다는 현실을 있는 그대로 직시하고 해결해 나가야 긍정적인 삶이라는 것이다. 부정적이라는 것은 있는 그대로 받아들이지 못하고 남의 탓을 하는 것인데, 그러면서 인생을 낭비할 수는 없을 것이다.

2-2. '초중등 성적을 위해서 한 방법들'이 세뇌되어, 고등수학을 망친다.

아이가 지금 말을 잘 들으니, 고등학교에 가서도 잘 들을 거다?

"저 이쁜 것이 나중에 반항할까?"라는 마음이 들겠지만, 통계는 다르다. 초등학생인 아이들이 지금은 말을 잘 들을지도 모르나 초등고학년이나 중학생만 되더라도 사춘기라면서 부모의 말을 안 들을 가능성이 높다. 부모가 엄격해서 말을 잘 듣던 아이들이라면, 그 반항은 비례해서 더 크다. 만약 부모가 아이의 반항보다 더 큰 위압감을 준다면 싸움은 더 격렬해지고, 만약 이 싸움에서 부모가 이긴다면 아이들은 무기력에 빠진다. 무기력한 아이들은 마마보이가 되기 쉬우니 이겨서도 안 된다. 고등학생 때는 아이의 가치 정립이 이루어지는 시기다. '선무당이 사람 잡는다.'고 자신이 한 번 결정한 것은 주위의 어떤 충고도 받아들이지 않는다. 고등학생은 잠시 내 자식이 아니라고 해야 할 때라는 말이다. 고등수학은 중학수학에 비해서 난이도가 3~7배이다. 어려우면 누구나 피해가고 싶은 것이 인지상정이다. 만약 아이가 고등학생이 되어서 열심히 해야 할 시기에 공부를 안 하겠다고 하거나 대학을 안 가겠다고 결정한다면, 그야말로 여러분은 속수무책일 것이다. 특히 부모의 충고는 더 받아들이지 않는다. 필자도 어떤 결정을 내린 고등학생의 마음을 돌리려고 하였을 때, 성공한 적이 없다. 필자가 고등학생을 데리고 공부의 필요성을 한참을 설명하면 아이는 "선생님의 말씀이 옳아요. 그런데 안 할 거예요."라고 말한다. 더 설득을 하면, "맞다니까요. 하지만 안 할 거라고요."라고 말한다. 고등학생은 어떤 논리적인 설득이 불가능하기에, 필자는 학부모들에게 교육에서 가장 안전한 교육은 세뇌교육이라고 한다. 다음은 필자가 초등학생들에게, 나중에 고등학생이 되었을 때 열심히 해야 한다는 것을 세뇌시키는 방법이다.

초등학생의 자녀에게 우선 이렇게 말해 보세요. "앞으로 고등학생이 되면, 열심히 공부해야 한단다. 알았지?"라고 해 보세요. 아이는 아직은 심리적으로나 시간상으로 먼 일이니 "알았어요."라고 할 것이다. 그러면 고맙다고 말하고 "이 날을 기념하기 위해서 외식을 하자!"하고 돌이킬 수 없도록 해야 한다. 고등학생 때 열심히 하기로 도미노의 첫 번째 피스가 넘어간 것이다. 이 과정에서 똑똑한 아이라면, "대신에 지금은 조금 놀아도 되지?"와 같은 이득을 챙길 것이다. 걱정하지 말고, "그럼 그럼."하고 받아들여 주어도 된다. 나중에 아이랑 공부하면서 이것을 얘기하면, "고등학교 때에 열심히 할 것에 비하면 이 정도는 아무것도 아니다."라고 하면 된다. 이제 고등학교에서 열심히 하기로 하였으니 이것을 수시로 얘기하여 고등학교에 들어갈 때까지 몇 년을 계속하면, 세뇌된다. 이렇게 세뇌된 아이는 고등수학이 어렵더라도 이미 열심히 하기로 한 결정이 세뇌되어 있다. 아이에게 중간에 세뇌교육 중이라고 사실대로 말해도 된다.

이렇게 의도되고 안전한 세뇌가 있는가 하면, 자칫 부모의 착각이 이미 세뇌되어 있어 아이에게 잘못된 교육을 할 가능성이 있다. 세뇌가 무서운 만큼 회복이 불가능하다는 것을 인지해야 할 것이다. 다음 몇 가지 주의해야 할 것들을 언급해 보겠다.

초중등에서 문제집만 많이 풀면 된다는 착각을 한다.

초등 저학년에서 아이가 수학을 곧잘 한다. 그러면 수포자였던 학부모 자신보다는 아이가 수학적 머리가 좋다는 착각부터 시작한다. 또한 자신이 수학을 포기한 이유가 돈이 없어서 학원을 못 갔거나 학원에 갔어도 숙제를 제대로 안했거나 많은 문제들을 풀지 않아서 그런 것으로 착각한다. 어떻게든 강제로라도 아이에게 수학문제를 많이 풀리면 될 것이라는 착각을 한다. 수학문제를 푸는 것은 필요조건이지 충분조건이 아니고, 수단이지 목표가 아니다. 수학을 공부하는 이유는 개념을 가지고 문제를 해결하면서 논리적인 아이로 변하는 것이 목표다. 풀기는 풀어야겠지만, 문제집을 얼마나 많이 풀었는가가 아니라 아이에게 개념이 쌓이고 있는지 확인하고 논리적인 아이로 변하는가를 지켜봐야 한다. 개념이 잘 자라고 있는지를 확인하기가 어려운 줄로 아는데, 부모는 그냥 수학책에 나와 있는 용어들 즉, 자연수, 분수, 사각형, 평행 등의 정의를 묻고 답하는가를 보면 된다. 만약 추가한다면 이 정의들로 문제를 푸는가를 확인하면 된다. 올바른 수학교육은 일반상식에 위배되지 않는다. 배운 용어를 말로 할 수 있는 것이 당연한 것이며, 이것이 안 되는데 문제집은 의미가 없는 것이다. 이런 것들을 학교나 학원에서 하는 줄로 알고 있겠지만, 하지 않고 있기에 수학이 안 되고 있는 것이다. 또는 이런 이야기를 들으면. 지금은 하던 대로 하고 그것은 나중에 고등학교에 가서 하면 안 되냐고 묻는 사람도 있다. 개념이 없어도 문제를 풀어야 하니 결국 기술로 풀게 되고 기술로 푸는 방법이 세뇌되면, 고 2부터 아무리 많은 선생님이나 일타강사 등으로부터 개념으로 수학문제를 푸는 것을 보아도 스스로 기술을 창조하면서 초중등 때의 버릇을 바꾸지 못한다.

초중등의 점수를 보고, 고등 때도 같을 것이라는 착각을 한다.

많은 선배 학부모들이 "초등학교나 중학교 때의 점수는 점수가 아니다."라고 말한다. 예전에는 학업성취도 평가라도 있었지만, 지금은 그나마도 없고 중학교의 실력을 검증할 만한 공식적인 시험은 학교시험 밖에 없다. 그래서 선배 학부모의 말이 맞다 해도 달리 방법이 없어서, "그럼, 중학시험을 못보는데, 고등수학을 잘할 수 있냐?"고 볼멘소리를 할 수 밖에 없다. 학부모는 불안한 마음에 더더욱 중학교 시험이 100점이 나오지 않고 한 문제라도 틀리게 되면 걱정하게 되었다. 이 모든 것은 초중등의 성적이 고등준비라는 착각에서 비롯된다. 초중학교의 시험점수는 고등수학을 준비하는 기준이 될 수 없다. 왜냐하면 초중등의 수학문제를 만드는 곳이 없고, 시험문제는 기존 문제집의 문제에서 베끼기 때문이다. 지금 문제집에 있는 문제들은 적어도 지난 50년 전에도 대부분 있었던 문제이다. 새로운 문제가 없으니 문제의 총량도 많지 않다. 그러니 유형문제집을 몇 권 풀리면 시험문제는 그 안에서 다 나온다고 보면 된다. 풀어본 문제를 다시 풀 수 있는 것이 수학의 실력은 아니다. 그러니 유형문제집을 풀려서 효과를 보는 것처럼 착각을 일으키는 것은 중학교까지이다. 고등학교는 다르다. 이제 문제를 만드는 곳이 생겼고, 중학교처럼 문제를 외워서 하려는 시도는 모두 실패다. 대부분의 학생들이 중학교에서 성공했던 유형문제풀이에 집착하면서 수학을 망한다. 교육과정평가원에서 6월 9월 모의고사와 수능의 문제를 만든다. 또한 각 시도교육청 주관으로 일부 사설기관에서 모의고사를 만드니 결국 매년 1000개 가량의 문제가 새롭게 만들어진다. 수학교육이 70년간 이어져 왔다는 것을 감안하면, 모든 문제를 풀 수도 없거니와 다 푼다 해도 매번 시험에 새롭거나 어려운 문제가 나온다. 아무리 열심히 문제를 풀어도 고등학교에서는 새롭거나 어려운 문제를 못 푼다면, 3~4등급 이하가 될 것이다. 새롭거나 어려운 문제를 푸는 열쇠는 개념밖에 없다. 그러니 수학문제의 유형을 많이 아는 것이 수학실력이라는 착각이 고정되고 세뇌되면, 고등 수학선생이 아무리 습관을 고치려 해도 바뀌지 않는다. 초중학교부터 개념을 배우고 그것으로 문제를 푸는 것이 실력이라는 것을 세뇌시켜야 한다. 간혹 개념으로 수학문제를 풀리면 점수가 낮을 줄로 아는 학부모가 있는데, 그렇지 않다. 개념을 가르친다면서, 개념 없는 교과서 내용을 가르치고 해답지를 보지 말고 끝까지 하라는 학원이나 교습소로부터 생겨난 착각일 뿐이다.

다양한 문제를 풀면 응용이 되는 줄로 착각한다.

이 착각이 대한민국을 사교육 공화국으로 만들었다. 다양한 문제를 풀었다 해도 응용이 안 된다는 것은, 대치동에서 6년간을 풀어도 3등급의 한계를 못 넘는 현실이 말해준다. 또 고 2나 고 3에서 '개념은 되는데, 응용이 안 된다.'고 한 학생들이 모두 개념없이 수학을 공부했다. 그동안 새롭거나 어려운 문제가 6~7개가 나왔는데, 이것을 다 틀리면 4등급이고 운좋게 한 문제를 더 맞으면 3등급이었다. 그래서 유형문제풀이를 엄청나게 풀었을 때 잘하면 3등급은 나왔었다. 그런데 이제 수능에서 새로운 문제의 비중이 높아져서, 개념을 안 익힌 채, 열심히 한다 해도 최대 4~5 등급 이상을 맞기가 어렵게 되었다. 개념이 없으면 아예 응용문제가 풀리지 않으며, 다양한 문제에서 응용력이 생기려면 개념을 더 깊게 해야 한다.

꾸준히만 하면 된다는 착각을 할 수 있다.

많은 전문가들이 수학을 꾸준히만 하면 될 것으로 말하고 있어서 착각을 하게 한다. 문제집을 어마어마하게 푼 것도 대치동에서 6년간 고등문제집을 푼 것도 꾸준히 한 것이다. 많은 아이들이 꾸준히만 하면 되는 줄로 알고 성실히 한다. 이렇게 성실히 하면서 개념문제집, 기본문제집, 유형문제집을 여러 권 풀고 나서 심화문제집까지 푼다. 그뿐만 아니라 심화 문제집의 오답까지 꼼꼼하게 한다. 물론 중학교 성적도 좋다. 내 아이가 이렇게만 할 수 있다면 여한이 없겠단 학부모들도 많을 것이다. 간과하는 것이 있다. 오랫동안 심화 문제의 오답처리까지 여러 권의 문제집을 풀면서 아이는 지쳤다. 아이는 "더 어려운 경시대회 문제들도 있지만, 난 심화 문제집까지만 할 거야."라고 생각한다. 아이가 더 어려운 문제를 풀어야 한다고 말하는 것이 아니다. 이미 아이가 자신의 한계를 결정지은 것이다. 중학교 수학심화문제로 끝나는 것이 아니라 다시 고등학교에서 한 번 더 상승을 해야 되는데, 아이가 방전되었다. 사람은 자신의 한계를 결정지으면, 보통 이 상태를 지속하려는 경향이 있다. 그러면 정말 아까운 우등생이 고등학교에서 순식간에 무너진다. 개념을 가르치고 심화문제집을 곧장 푸는 등, 시간을 주고 계속 상승의욕을 북돋았다면 고등수학도 무난하게 이겨낼 아이였다. 어마어마한 문제를 계속 주어도 아이의 의지가 계속 샘솟을 줄 알았던 부모의 착각 때문이다.

<팁> 들쥐들의 급사

심리학자 리처(C. P. Richter)라는 사람이 무기력 실험을 하는 중이었다.

도망갈 수 있는 방법이 전혀 없는 큰 통에 따뜻한 물을 넣고 들쥐를 넣으면 평균 60시간 정도 헤엄치다가 기진맥진하여 물에 빠져 죽었다. 그런데 어떤 쥐들은 몇 분 만에 헤엄치다가 갑자기 물통 바닥에 가라앉아 죽었다. 평균 60시간 동안을 헤엄칠 수 있는 쥐들이 몇 분 안에 살기를 포기하고 익사한다는 것은 실험자에게 큰 충격이었다. 게다가 일부의 쥐는 물통에 넣기도 전에 손바닥에서 죽어버리기도 했다.

리처는 갑작스러운 쥐들의 죽음에 의문을 갖고 연구절차 전체를 재검토하게 되었다. 결국 갑자기 죽은 쥐들은 모두 실험자가 물통에 넣으려고 쥐를 잡을 때, 손에 꽉 쥐고 있던 쥐였음이 밝혀졌다. 사람과 같은 약탈자의 손에 잠깐이나마 꽉 잡혔고 다시 도망칠 수 없는 물통에 갇히는 것은 쥐들에게 극복하기 어려운 한계이다. 충분히 삶에 대한 무기력이 느껴졌던 것이다. 실험자가 물통에 넣기까지의 잠깐이 쥐들에게 미치는 영향에 대해서 필자는 깜작 놀랐다. 필자도 자식들이 어렸을 때, 혹시 항거불능의 통제를 한 적이 없었는가를 반추해 보게 했다. 아이가 어렸을 적에 부모는 전지전능한 사람처럼 느껴져서 자의적인 통제를 할 가능성이 있다. 그러니 의도치 않게 아이에게 잠깐이라도 통제 불능의 절망감을 줄 수도 있을 것이다.

아이는 부모에게 종속된 것이 아니니 인격체로 대하여야 한다. 그런데 효율성이라는 것 때문에 쉽지가 않다. 쥐들의 실험을 통해서 잠깐의 무기력도 위험하다는 것을 알았다. 자의적인 통제는 아이로 하여금 무기력을 일으킬 수 있으니, '느슨하지만 반드시 지켜야 할 규칙'을 미리 정하고 나머지는 아이에게 의논함으로써 존중받고 있음을 보여주어야 할 것이다.

2-3. 공부는 아이가 한다.

유튜브와 블로그 그리고 SNS 덕분에 학부모들이 너무 많은 정보를 알고 있다. 많은 정보는 학부모들에게 전문가만큼 알고 있다는 과신으로 착각을 일으킬 수 있다. 당장의 아이 공부가 급해서 무언가 하나의 공부방법을 선택했다면, 자신도 모르게 도미노의 첫 블럭이 넘어간 것이다. 판단을 끝냈거나 판단을 포기하여 전문가에 의지하다 보면, 뇌는 게으름을 피우고 익숙함을 좋아한다. 이후로는 확증편향 때문에 자신이 생각하는 것과 같지 않으면, 누구의 말도 들리지도 않으며 모두 틀렸다는 생각이 든다. 또 한참을 지속하다 보면 매몰비용 때문에 다른 것을 시행할 수 없고, 이미 아이의 시간은 돌이킬 수 없을 만큼 지나가 버린다. 다양한 정보들을 보고 판단을 유보하고, '왜?'라고 계속 묻거나 객관적인 실험의 결과로 검증된 것 등을 기준으로, 최대한 올바른 교육을 계속 찾아가야 한다고 했다. 지금이라도 학부모들이 갖고 있는 세부정보들을 가지고 다시 빅피처 즉 장기 플랜을 생각해야 한다. 그러지 않으면 자칫 세세한 정보들이 모두 큰 흐름과 어긋나서 결국 잘못된 공부가 된다.

결국 공부는 아이가 하는 것이니 끌고 가려 하지 마라.

초등 저학년에서 학부모는 대개 아이들이 보기에 절대 권력자이다. 아이는 생사여탈권을 가지고 있는 부모가 시키는 대로 하는 시기다. 이때 만들어지는 학습태도나 생활태도가 평생을 갈 수 있다. 보통 초등 저학년의 학부모들이 세 가지의 길을 가는 듯이 보인다. 첫째, 엄마의 권력을 휘둘러서 아이의 생활과 학습을 전반적으로 통제하는 방법이다. 권력의 맛이 유혹적이겠지만, 절대 안 된다. 아이가 '나 놀아 돼?'처럼 일상을 하나하나 엄마에게 물어본다. 그래도 효율적인 엄마의 방법을 시키는 것이라서 저학년에서는 학습성과가 나는 듯이 보이지만 한편으로는 아이의 자존감이나 자기효능감이 줄어든다. 장기적으로는 반항하거나 무기력으로 흘러 공부를 잘할 수 없게 된다. 둘째, 아이를 자유롭게 해주고 모든 일은 아이와 의논한다. 주로 고학력의 학부모들이 공부는 자기가 할 나름이고, 자식과는 친구같이 살고 싶어 한다. 자유로운 영혼으로 자라다가 초등 고학년 쯤, 부모가 공부를 시키려 하면 문제가 발생한다. 기본이 부족하며 말만 많고 좋은 머리로 공부를 하는 데 쓰는 것 아니라 안 하는 데에 잔머리를 쓴다. '부모는 친구가 될 수 없다는 것'을 버리지 않으면 답이 없다. 셋째, 꼭 필요한 최소한의 생활규칙과 학습이 있고 나머지는 그냥 놔두는 것처럼 보이지만, 실제로는 모범을 보이려고 노력한다. 느끼겠지만, 이런 집 아이들이 나중에도 공부를 잘한다. 정해진 규칙 내에서는 자유롭고, 규칙 밖의 것에서 아이의 선택을 존중하고 부모가 모범을 보이면 아이는 올바른 길로 가서 공부도 잘한다. 설사 아이의 선택이 잘못되더라도 믿고 돌아오도록 기다려주어야 한다. 부모가 아이의 실수를 기다려 주면, 아이는 사랑받고 있고 자신은 가치가 있으며 스스로 괜찮은 사람이라고 생각하게 된다. 아이가 공부하는 것도 결국 자기 자신에 대한 투자이다. 아이가 고등학교에서 자신에 대한 투자로서 스스로 공부하게 하려면 자아존중감을 키워야 한다.

독서의 높이가 생각의 높이고, 모든 공부의 높이다.

서울대 철학과를 나와서 현재 독일에 유학을 간 한 유튜버가 '아무도 따라 하지 않는 상위 1%의 공부방법'이란 동영상에서 한 말을 요약하면 다음과 같다. 〈〈〈 중학교 입학 당시 전교 70등 정도였고, 수학은 첫 시험에서 50점이었지만 수학을 좋아했다. 중학교부터 3~5년 점차 다양한 분야의 어려운 책을 많이 읽다 보니, 모의고사나 수능에 나오는 지문이 평상시에 읽던 책보다 쉬워서 항상 만점을 받았다. 고등학교에 올라가서 영어원서를 읽기 시작하고 계속 수준을 높여서 전문서적의 높이까지 읽게 되었다. 국어와 마찬가지로 영어도 시험의 지문이 평소에 읽던 책보다 쉬워서 1등급을 받았다. 좋아하는 책을 읽으면서 공부까지 잘하게 되니, 주위의 많은 사람들에게 말했지만 아무도 따라 하지 않았다고 한다. 수학의 경우, 웬만하면 해답지를 보지 않는 공부방법을 택했다. 시간이 많이 걸렸지만, 해답지를 보지 않고 온갖 고민을 하고 나서 본 해답지는 임팩트가 높았다.〉〉〉

필자가 보기에 학생들을 설득해서 위 공부방법을 할 수만 있다면 너무 좋은 방법이다. 본인은 깨닫지 못했지만, 읽었던 책의 높은 수준이 결국 국어와 영어의 공부를 수월하게 만들었을 것이다. 또한 수학의 공부에도 지대한 영향을 미쳤다고 보여진다. 독서의 높이가 국영수의 높이를 결정한다. 다만 국어를 잘한 뒤에 영어와 수학의 기본을 각각 높이는 작업이 필요하다. 국어와 영어에 비해 수학에 고전한 이유는 수학이라는 언어를 구성하고 있는 개념을 익히지 못하여서이다. 문제집을 보지 않고 끝까지 고민하려 했던 것에서 집요함을 길렀고, 나중에 해답지를 보면서 공통인 개념을 뽑아냈다. 무엇보다 국어의 높이가 높아서 가능했다고 보여진다. 이처럼 책을 읽고, 그 수준을 높이는 것은 마치 송곳으로 구멍을 뚫고 넓히는 것처럼 좋은 방법이다. 그러니 대한민국의 모든 교육문제는 학생들이 책을 읽지 않는 데서 비롯되었다고 본다. 책을 읽지 않으면서 공부를 잘하기는 어렵다.

그런데 초등 2학년에서 3~4학년으로 올라가는 시점에서 학생들이 책을 읽지 않게 되는 경우가 많다. 안 읽게 된 이유에 대해 알아보니, 책의 글밥이 갑자기 길어지고, 학원에 가야 해서 시간이 없고, 엄마도 몇 년을 읽어주다가 지쳤고 직접 읽으라는데 안 읽는다는 등 많은 이유가 있었다. 안 된다. 공부의 최우선 순위로 독서를 두어야 한다. 글이 길어졌으니 다 읽어줄 수는 없고 책에서 가장 재미없는 발단 부분만을 읽어주어 재미를 느끼게 하는 등 수단과 방법을 가리지 말고 책을 읽게 해야 한다.

사람의 의지는 환경을 벗어나지 못한다.

부모님들은 학창시절에 조금만 더 열심히 했더라면, 인생이 달라졌을 거란 생각이 든다. 그래서 아이의 의지를 강조한다. 그런데 의지는 환경의 굴레를 벗어나지 못한다. 하다못해 부모도 가난을 벗어나려는데, 물려받은 것이 없다든지 종잣돈이 없든지 환경 때문에 못 벗어나지 않았는가?

와신상담이라는 고사성어가 있다. 춘추시대, 오나라의 왕 부차와 월나라의 왕 구천은 서로 철천지원수였다. 오나라의 부차는 원한을 잊지 않기 위해 땔나무 위에서 자며 자기 방을 드나드는 신하들에게 "구천이 너의 아버지를 죽였다는 것을 잊어서는 안 된다." 라고 말하게 시켰다. 월나라의 구천은 원한을 잊지 않기 쓰디쓴 쓸개즙을 20년간을 수시로 먹었다고 한다. 군자의 복수는 10년도 짧다고 하더니 대단한 사람들이다. 철천지원수를 잊지 않기 위해서 땔나무에서 자고 쓰디쓴 쓸개즙을 먹었다는 것은 그만큼 사람의 의지가 박약해서 수시로 상기시켜야 한다는 것이다. 공부에 원수진 것도 아니고 아이가 의지로 환경을 이겨내기는 어렵다는 것을 길게 얘기했다. 또 역으로 환경의 지배를 받으니 공부할 환경이 주어진다면 공부를 잘할 수도 있다는 말이다. 직접적으로 공부를 시키고 학원을 보내서 공부를 잘한다면 모든 학생들이 잘할 것이다.

정서적 유대감, 가족으로서 당연한 규칙과 규칙 외에 자유스러운 분위기, 아이의 선택을 존중하고 실수를 기다려주기, 기초공부가 중요하다는 부모의 마인드, 가족이 독서하는 환경

자유스러운 공부환경을 위해 필자가 필요하다고 생각되는 것들을 열거했으며, 약간 부연 설명을 한다.

정서적 유대감

부모와 정서적인 유대감을 갖는다는 것은 아이의 근원이고 뿌

리다. 아이를 사랑하는 것은 당연하니, 이제 사랑의 기술이 필요하다. 아이를 위한다는 것이 오히려 아이를 힘들게 하는 것 세 가지만 말한다. 첫째, 아이를 강하게 키운다고 아이를 괴롭히지 마라. 강하게 키우는 것이 꼭 부모여야 하는 것은 아니니, 밖에서 경험하고 겪으면서 이겨내게 하라. 둘째, 반대로 얘기하거나 왜곡될 수 있는 말을 하지 마라. 부모의 “공부가 중요하니? 인간성이 중요하지.”와 같은 말을 들을 당시에는 ‘인간성을 강조하는 말’로 이해한다. 그러나 시간이 지나면 기억이 왜곡되어, “공부가 안 중요하다며?”라고 말할 수 있다. 부모로서는 미치고 환장한다. 셋째, 말 안 한 것을 미리 짐작하지 마라. 가지고 있는 것을 표현하게 하면, 많은 오해를 막을 수 있다.

가족으로서 당연한 규칙과 규칙 외에 자유스런 분위기

거짓말하지 않기와 같은 가훈, 어른께 예절 지키기, 세수하기 등 자신이 해야 하는 일, 가족으로서 분담하기로 한 ‘신발 정리’ 등의 가정의 일 등 여러 가지가 있을 수 있다. 이런 일은 엄격하게 지켜야 하고, 절대 타협의 대상이 아니다. 대신 규칙을 만들 때는 서로 상의하고, 규칙 이외의 것에 대해서는 자유롭게 할 수 있어야 한다.

아이의 선택을 존중하고 실수를 기다려 주기

부모의 말을 안 듣고 아이가 실수해서 힘들게 되었다고 한탄하지 마라. 때로는 아이가 실패로부터 배워야 할 때도 있다. 실패할 것을 알면서도 선택을 존중하고, 부모는 기다려 줄 수 있어야 한다. 그래야 존중받는 느낌이 든다. 인생의 전반부가 강요받은 삶이었다면, 후반부는 자기 마음대로 살게 된다. 그러니 미리부터 아이가 마음대로 살 때를 대비해서 스스로 결정을 할 수 있는 힘을 기르도록 준비해 줘야 된다. 부모를 딛고 세상을 향해 나아갈 아이들이다.

기본 공부가 중요하다는 부모의 마인드

부모가 공부가 중요하다고 생각해야 아이가 공부를 한다. 또한 무슨 일이든지 기초가 중요하고 기본이 중요하다. 그렇다면 공부도 기본이 중요하다. 별소리를 해도 아이는 부모가 중요하다는 것을 한다. 부모가 수학의 기본이 되는 연산과 개념을 매일 하도록 하고 생각하기를 소중히 여기면, 수학을 못 할 수 없다. 초등학교에서 공부를 못했다가, 나중에 중고등학교에서 열심히 해도 안 된다. 기본이 얼마나 중요한지를 단적으로 말해 준다.

가족이 독서하는 환경

부모가 책을 읽으면 이 습관이 아이에게 이어진다. 그런데 엄마가 책을 읽으면 아이가 읽을까 싶어서 억지로 읽는데, 아이가 따라서 책을 읽지 않는다고 푸념하는 경우가 있다. 엄마가 책을 읽으면 아이도 책을 읽어야겠다는 생각이 든다. 다만. 엄마가 보여주는 대로 '엄마 나이가 되면 읽어야겠다.'고 생각된다. 그냥 엄마도 책을 읽기가 어렵지만, 네가 읽기를 바라는 마음에서 읽는다고 솔직하게 말하는 것이 낫다. 그래도 안 읽으면 베드타임스토리나 책의 발단 부분 읽어주기를 계속해라. 처음에는 재미를 찾지만 점차 독서의 수준이 높아지는 것이 최고의 공부라는 것을 알려주어야 한다. 책을 읽는 것은 선택이 아니다. 몸에 밥을 주듯이 머리에도 밥을 주는 것이 책을 읽는 일이다.

아이가 스스로 공부하기 위해서 필요한 여러 가지를 말했지만 핵심어를 뽑으면, 규칙, 자율, 존중, 독서, 환경이다. 고등학교에 들어가면, 쇠고집에 얼굴 볼 시간도 적으니 당분간 내 자식이 아니라고 생각해야 한다. 부모는 멘토가 되어야 하는데, 사이가 나쁜 멘토는 의미가 없다. 힘들더라도 규칙, 자율, 존중, 독서, 환경이라는 다섯 가지를 염두에 두면, 부모와 사이가 좋으면서 공부를 스스로 하는 아이가 될 것이다.

— <팁> 아이에게는 변화의 기회를 주고, 주변의 사람들도 변해야 한다. —

교육의 본질은 변화이다. 변화가 어떤 의미를 갖는가를 몸으로 체험한 적이 있었다. 필자의 사례를 들어보려고 한다.

필자의 고등학교는 처음에 특수지 학교였다가 소위 말하는 뺑뺑이 추첨제로 이전보다 좋은 학생을 받은 학교였다. 그러니 소위 명문대학 입시실적이 필자가 대학을 가던 해의 이전에는 좋지 않았다. 그런데 필자가 대학에 입학하던 해에 졸업생을 포함하여 거의 20명에 달하는 인원이 서울대에 들어갔다. 대학입학률이 30% 정도였던 시절에 이 기록은 획기적인 변화라 할 수 있다. 곧 이 기억은 없어졌다가 필자가 아이들을 가르치다 보니, 획기적인 변화에 대해 다시 생각하게 되었다. 이 학교에 있었던 어떤 일이 이런 급격한 변화를 이끌어 내었을까?

가장 큰 변화는 교장선생님이셨던 것 같았다. '하면 된다.'라는 교훈을 가지고 있었고, '진인사대천명'이라는 말씀을 자주 하셨다. 무엇보다 야간자율학습시간인 10시까지 퇴근을 하지 않으시고 교실복도를 늘 순찰하셨다. 그러니 담임선생님이 불만은 높았지만, 역시 교실에서 야간자율학습을 감독해야 했다. 또 하나는 선생님들이 각각 스스로 변화를 하고 계셨다. 국어선생님은 한글학회 회원으로 틈만 나면 한글의 우수성을 강조하셨다. 그렇다고 국영수 선생님들이 잘 가르쳤던 것은 아닌 것 같았다. 국어선생님만 해도 아이들 보고 눈을 감으라 하고 시를 감상시켰다. 이때 잘하는 아이들은 이런 수업을 무시하고 공부하곤 했다. 영어선생님은 영어번역작업을 하셨다. 그래서 그리스로마신화 번역본을 선물로 받은 기억이 난다. 수학선생님은 운동 마니아로 틈만 나면 운동이야기를 했다. 사회문화선생님은 대학원에 출강하시고 결국 교수님이 되셨다. 지구과학선생님은 이야기의 귀재로 5분만 수업하고 나머지시간은 항상 이야기를 해주셨다. 그런데 그 이야기가 얼마나 재미있던지 공부 잘하는 학생들조차 모두 이야기에 몰두할 지경이었다. 생물선생님은 알코올중독자로 늘 술취한 상태에서 가르치시는 것 같았다. 한문선생님은 국제펜클럽협회 회장으로 여러 번 펜팔에 대해 말씀하였다. 미술선생님은 매년 개인전을 하셨고, 음악선생님은 톱으로 하는 연주회를 정기적으로 하셨다.

필자의 학교에서 벌어진 획기적인 변화의 이유는 학생들을 둘러싼 주변 선생님들의 변화 때문이었다. 교장선생님께서 강제로 시켜서 야간자율학습을 거의 모든 학생들이 할 수밖에 없었다. 쉽게 말해서 강제로 교실에 가둬놓고, 또 하나의 구성원이었던 학교선생님들이 각자 자신의 일을 충실하게 하는 것이다. 교장 선생님은 학생들의 공부여건을 만들었고, 나머지 선생님들은 학생들한테 공부하라는 말씀 대신에 자신들 스스로가 변하고 있었다. 아마도 학생들의 입장에서 생각해 볼 때, 비록 강제였지만 교육환경을 갖춰놓았고 주변이 들썩이니, 학생들도 "한 번 공부를 해봐!"란 변화 욕구가 생겼다고 본다. 학창시절을 얘기하다 보니 하나의 에피소드가 더 생각이 난다.

고1 때 우리 반에 전교 2등인 아이가 있었다. 그리고 필자의 뒤편 대각선의 자리에 앉아있던 K라는 아이가 무섭게 공부하고 있었다. 공부하는 모습만 보면, K는 바른 자세에 열의 등 모든 것이 전교 1등감이었다. 중간고사의 점수가 발표되고 나서 전교 2등이 K의 옆에 와서 한 말이다. "아후, 새끼야, 놀랬잖아. 열심히 해! 그렇다고 잘된다는 보장은 없다." 전교 2등이 K를 견제하다가 K의 점수가 형편없다는 것을 알고 안도의 한숨을 내쉬는 것이었다. K는 이후로도 열심히 해서 3학년에는 전교 2등이었던 아이를 추월했다. 최종적으로 K를 포함하는 20여 명이 서울대를 갔고, 전교 2등이었던 친구는 서울대가 아닌 그래도 좋은 대학에 간 것으로 기억난다.

그래도 예전에는 '개천에서 용 난다.'는 말처럼 열심히 해서 수직상승의 아이들이 심심치 않게 나타났었다. 그런데 요즈음은 수직상승의 아이들이 거의 보이지도 않고, 이제 믿지도 않는 분위기다. 그래서 필자가 가르치던 아이들이 20점에서 100점을 받았다고 하면, 아이가 열심히 하였거나 가르쳐서 만들었다는 인식보다는 원래가 머리가 좋았던 아이가 아닐까 하고 생각하는 듯하다. 교육의 본질이 변화이고 변화를 믿어야 한다. 부모나 선생님 등의 가르치는 사람도 믿지 않는 성적향상을 아이가 스스로 만들어 내는 것은 교육적으로 불가능하다.

2-4. 모든 솔루션교육은 잘못된 것이다.

옛날 중국에 화타라는 명의가 있었다. 삼국지에서는 독화살을 맞은 관운장의 팔을 치료하였고, 조조의 뇌수술을 계획했던 인물이다. 사람들이 화타를 보고 최고의 명의라고 칭송하자, 최고의 명의는 자신이 아니라 자신의 형이라면서 한 말이다.

"저는 이미 발병한 것을 겨우 고치는 수준이지만, 제 형은 사람들의 병이 아예 처음부터 발생하지 않도록 근원적인 처방을 합니다."

화타의 말대로 화타의 형이 더 훌륭한 명의였는지는 모른다. 다만 세상 사람들은 화타의 형보다 직접적으로 병을 고친 화타에 열광했다는 것이다. 만약 처음부터 병이 발생하지 않도록 하면, 병을 고치는 의원은 필요가 없었을 것이다. 의원이 필요치 않은 곳에서 의원은 아마도 명의는커녕 찬밥신세였을 것이다.

필자가 가르치던 바로 옆 동네의 한 중학교에서 전교 1등부터 5등까지가 모두 필자가 가르치는 아이였다. 그중 둘은 1등과 4등으로 초등부터 필자에게 배워왔던 아이들이었고 나머지는 모두 중학교에서부터 가르쳐서 성적을 수직상승시켰던 아이들이다. 그런데 수직상승시켰던 아이들의 엄마들은 필자에게 격하게 고마움을 표시하는데, 초등부터 배워왔던 아이들 둘의 엄마는 다르다. 딱히 고마움을 표현하지 않았으며, 오래 가르치다 보니 필자가 기본을 튼튼히 가르쳐서 얻은 결과인지 아니면 아이가 열심히 해서 얻은 결과인지 헷갈린다. 이렇게 오랫동안 가르쳐서 공부를 잘하게 되더라도 필자의 공으로 돌리기가 애매해진다. 그런데 성적이 바닥인 아이들을 1~2년 가르쳐서 드라마틱하게 단번에 20점에서 100점으로 올리면 삽시간에 퍼져나간다. 지금은 은퇴를 앞두고 있는 퇴물이지만, 한때는 이렇게 해서 유명했었다.

의원을 유명하게 만드는 것은, 의원의 말을 듣지 않고 병을 키워서 위중해지고, 그제야 의원을 찾아서 드라마틱하게 병을 고치게 만드는 경우이다. 참으로 아이러니한 말이지만, 현실은 항상 이렇다. 수학도 처음부터 제대로 하여 문제가 발생하지 않도록 하면 되는데, 쉽다거나 급하다고 대충 하다가 문제가 발생하면 솔루션이라는 단기 처방을 찾아서 헤맨다. 그러다가 다행히 원인을 찾고 보강하여 나아지면 그 선생을 훌륭하게 평가할 수도 있다. 그러나 원인을 잘못 진단하거나 잘못 처방하면 그렇지 않아도 부족한 시간을 돌이키기 어렵다. 처음부터 제대로 하고 싶지만, 학부모들로서는 올바른 방법을 알 수가 없지 않느냐고 볼멘소리를 할지도 모르겠다. 잘 모르겠으면, 수학교육의 정의대로 하라고 했다. 잠깐 다시 수학교육의 정의를 소환한다.

수학교육의 정의: '연산과 개념을 도구로 학생들의 실력, 즉 집요함과 논리력을 키워가는 과정'이다.

정의대로 한다면, 근원적인 처방을 위해서는 '연산(Calculation)의 도구화', '개념(Concept)의 도구화', '집요함(Grit)을 키우기'라는 3가지를 해야 한다. 좀 더 간편하게 각각 앞 글자를 딴 'CCG 프로그램'을 제안한다.

 # 근원적인 처방: 연산(Calculation)의 도구화

<팁> 연산 도구화의 목표를 제시하였다. 목표대로 하면 다음의 문제점들은 원천적으로 발생하지 않는다.

① 초등 2학년인데, 벌써부터 수학을 싫어하려고 해요.

② 아이가 약분이 잘 안돼요.

③ 초등 5학년인데, 아이가 수학을 포기했어요.

④ 중학교 시험에서 안타깝게도 마지막 연산 실수로 1문제를 틀렸어요.

⑤ 시험에서 시간이 없어서 3문제를 찍었대요.

⑥ 중3인데 아이가 갑자기 수학을 놓네요.

⑦ 고1인데 30분 걸려서 낑낑대고 푼 문제가 더하기 빼기 실수로 틀렸다네요.

⑧ 지수로그의 연산을 자꾸 까먹어요.

⑨ 모의고사에서 어려운 문제를 풀 시간이 나오지 않아요.

이밖에도 연산이 안 되면, 부모가 "아이가 느려요.", "아이가 자꾸 집중을 못해요.", "수감각이 없나 봐요.", "아이가 수학을 싫어해요.", "나 닮아서 수학적 머리가 없나 봐요." 등 이유를 엉뚱한 곳에서 찾는다. 연산이 잘되는 아이를 부모가 감각이 없다고 하거나 또 연산이 잘 되면서 수학을 싫어하는 아이는 없다. 말을 빠르게 하는 것이 머리와 상관없듯, 연산은 머리와 상관없으며 연습을 하면 되는 일이다. 고등에서 필요한 연산이 부족하면 학년이 올라가면서 결국 문제가 발생하고 예외 없이 탈락의 시스템이 작용한다. 문제가 발생하지 않으려면 자유자재로 쓸 만큼의 도구화를 제때 해놓아야 한다. 예를 들어 연산에서 가장 중요한 문제는 두 자릿수와 한 자릿수의 덧뺄셈이다. 이것을 초등1학년에서 목표하는 데까지 1년이고 2년이고 연습을 해서 끝내야 한다. 그런데 이때는 쉽다고 다 맞았다고 기본이라고 대충 넘어가 놓고, 초고나 중고등학교에서 오답이 나왔다고 해결책을 찾는다.

수학을 잘하기 위한 1차 목표는 고1이다. 초중학교의 모든 수학은 고 1에 가서 잘하면 된다. 그러니 고1에서 필요로 하는 연산에서 도구화가 되어야 하는 것들을 나열하고 이것을 시기별로 어느 정도까지 해야 완성이 되는가를 학부모나 전문가들이 고민해야 한다. 필자가 고민한 암산력의 예를 든다. 초1~2 때 두 자릿수와 한 자릿수의 암산 20문제를 20초대까지 해놓으면, 중고등학교에서 문제가 발생하지 않으니 솔루션을 찾을 필요가 없는 것이다.

 # 근원적인 처방: 개념(Concept)의 도구화

모든 개념은 한 줄이어야 한다. 이해를 위해서 쉽게 설명하거나 길게 설명하는 것은 좋다. 그러나 반드시 한 줄로 만들지 않으면 사용이 가능하지 않다. 이런 관점에서 개념은 교과서가 아니라 필자의 책에만 있다.

① 아이가 이해했다는데, 문제는 못 풀어요.

② 문제를 풀어도 설명을 못 해요.

③ 자연수, 곱하기와 나누기, 분수, 평행 등의 용어를 설명하지 못해요.

④ 자연수의 성질, 분수의 성질, 등식의 성질, 0의 성질 등을 몰라요.
⑤ 중학생인데, 대입한 이유를 물었더니 그렇게 해야 문제가 풀린대요.
⑥ 수학이 좋다며 답지를 안 보고 혼자서나 교습소에서 낑낑대며 푸는데, 성적이 안 나와요.
⑦ 어려운 문제를 힘들게 풀어놓고 쉬운 문제에서 틀려요.
⑧ 고1에서 고민 고민해서 풀었지만, 다시 풀지는 못 하겠대요,
⑨ 아무리 문제를 풀어도 2등급이 나오지 않아요.

학교에서 이해했는데, 문제를 못 풀어서 학원에 보낸 것이다. 그런데 학원에서도 학교와 똑같은 것을 가르치고 문제는 기술로 풀린다. 기술은 문제를 푸는 가장 빠른 길이다. 한번 기술의 세계에 접어들면, 개념으로 공부하기는 불가능에 가깝다. 개념을 올바르게 가르치면, 많은 문제들을 풀지 않아도 곧장 심화문제들을 풀 수 있다는 필자의 말을 믿기 바란다.

 # 근원적인 처방: 집요함(Grit)을 키우기

수학실력의 변화는 계단처럼 자라고 그 계단은 2~3개이다. 수학실력의 길이 공부시간과 비례하거나 108개의 계단처럼 스

몰스텝의 길은 없다. 따라서 그냥 적당히 그러나 꾸준히 하려고 마음을 먹는다면 절벽 앞에서 좌절할 수 있다. 연산과 개념의 도구화를 기본으로 항상 더 나은 수학실력 향상을 위한 상승욕구를 유지하여야 한다. 현실적으로 중학교에서 한 번, 고등학교에서 한 번 비약을 하면 된다. 여기에 한 번만 더하면 세계적인 수준이다.

① 아이가 대충 풀어요.
② 아이가 진득하니 앉아 있지를 못해요.
③ 별표한 문제들을 다시 풀렸더니, 풀 줄 알고 있었어요.
④ 자기는 조금도 생각하지 않고, 일단 물어봐요.
⑤ 물어봐서 설명하려고 하면, 이미 관심이 딴 데로 가 있어요.
⑥ 이 정도면, 다른 아이들에 비해서 자신이 잘하는 거래요.
⑦ 실수로 틀린 것이지 실력이 없어서 그런 것이 아니라고 얘기해요.
⑧ 해답지가 사람을 더 좌절시킨다고 말해요.
⑨ 킬러문제는 어차피 풀지 못할 것이니 안 푸는 것이 낫다고 생각해요.

집요함은 영재들의 특징이다. 집요함에 대한 설명을 '보통의 아이를 영재로 만들기'라는 다음 단원에서 하는 것으로 갈음한다.

교육은 만들어 가는 것이니 생산이 주력이지, 애프터서비스가 주력이 아니다. 그런데 세상은 온통 애프터서비스 즉 단기 처방의 솔루션에 열광한다. 예를 들어 소아청소년클리닉 원장 오은영 선생님의 육아솔루션이 있는데, 물론 필자에게도 재미있다. 그런데 이것들은 단기 처방의 솔루션들이다. 오은영 선생님도 아마 "저보다 육아를 잘하는 분들도 많을 거예요. 다만 그분들은 조용히 아이의 육아를 문제가 발생하지 않도록 하고 있어서 표시가 나지 않을 뿐이에요."라고 말할지도 모르겠다.

단기 처방으로 장기처방이 필요한 것을 고치는 것은 한계가 있다. 학부모는 내 자녀에게 단기처방의 솔루션이 필요 없는 교육을 하려고 노력해야 한다.

<팁> 연산의 도구화를 위한 목표

연산을 하지 말라고 하는 사람부터 과대포장을 하는 사람들까지 전문가들이 다양한 말을 하고 있어 정리부터 필요해 보인다. 수학도 언어이고, 연산은 국어로 말하면 '가나다라...'와 같은 것이다. 수학에서 연산을 배워야 하느냐는 질문은 국어에서 '가나다라...'를 배워야 하느냐란 질문과 같다. 당연히 별도로 훈련해야 한다. '가나다라...'를 못하면서 국어를 잘할 수 없으며, 그렇다고 '가나다라...'를 잘한다고 국어를 잘한다고 할 수는 없다. 연산의 역할도 수학에서 딱 거기까지의 역할이다. 연산은 '가나다라...'처럼 자유자재로 사용할 수 있고 수학을 하는데 걸림돌이 되지 않도록 하면 된다. 또한 연산에 관한 정확도나 빠르기는 훈련의 결과일 뿐이다. 빠를 때까지 연습하면 빠른 것이지 머리 탓이 아니며, '가나다라...'를 기어 다닐 때 하거나 초등 1학년에 뗐다는 것이 나중에 국어를 하는데, 영향을 미치는 것 같지 않다. 언제 어떤 아이가 하든지 너무 일찍이나 늦지 않게 시작하여야 하며, 다만 시간이 얼마가 걸리든지 목표에는 반드시 도달하여야 한다. 호미로 막을 일을 가래로도 막지 못하는 결과가 되지 않도록 해야 한다. 목표에 도달하지 못하면, 느리거나 오답이 나오는 현상이 주로 나중에 중등이나 고등에서 나오게 되기 때문에 하는 말이다. 그렇게 되면 수학을 포기할 때 이유도 모르거나, 다 맞았는데 연산실수로 한두 문제를 틀렸다며 호들갑을 떤다. 조금의 부족부분인 것처럼 보이나 이것을 메우려면, 처음과 똑같은 시간이 걸리기 때문에 해결은 어렵다고 보아야 한다. 그러니 처음부터 목표에 도달하도록 제대로 하는 것이 중요하다. 간단하게 목표치를 제공한다.

★ 암산력: 두 자릿수와 한 자릿수의 덧뺄셈 문제 20문항을 1학년 기준 40초 이내 (조안호연산으로는 20초 이내)

★ 구구단 거꾸로 외우기: 36초 미만

★ 빠르기: 두 자릿수와 한 자릿수의 곱셈과 두세 자릿수와 한 자릿수의 나눗셈 문제 20문항을 3학년 기준 1분10초(조안호연산으로는 35초 이내)와 3~4개의 암산

★ 이분모 분수의 덧셈 뺄셈: 5~6개의 암산

★ 중3의 인수분해: 6~8개의 암산

★ 고1의 인수분해: 10~11개의 암산

2-5. 보통의 아이를 영재로 만들기

IQ가 아주 낮은 16%와 상위 0.1%의 천재를 제외하면 보통인 아이들은 약 84%이다. 이 중에 보통인 아이와 영재가 혼재해 있다고 보면 된다. 그런데 많은 사람들이 IQ가 130~150(2%)인 아이들을 영재로 생각하는 경향이 있다. 그러나 영재의 제1 조건은 머리가 아니라 과제집착력이다. 영재의 조건에는 과제집착력, 지능, 창의력이 있는데, 이 중 수학을 배워가는 입장에서는 창의력이 필요가 없다. 그리고 수학은 다른 과목에 비해 머리의 영향이 적어서 좀 불편할 수는 있어도, 보통의 머리라면 고등학교까지 이해하지 못할 개념이라는 것은 없다.

과제집착력: 한 가지 과제나 영역에서 오랫동안 집중하는 능력

지능이나 창의력에 비해서 상대적으로 과제집착력은 후천적인 면이 더 크다. 과제를 해결하려는 의지와 인내심 그리고 노력을 기울이는 것을 하나하나 해나가면 된다. 그렇다면 보통의 아이가 수학영재가 되는데 제한 조건은 없으니 노력하기만 하면 된다. 머리가 좋은 2%의 아이가 과제집착력을 갖추면 보통의 아이들은 이 아이를 이기기는 어렵다. 그러나 머리가 좋은 아이들이 성실성을 갖추기는 부자가 절약정신을 갖추는 것만큼이나 어렵다. 조금만 생각해보면, 머리가 좋아 쉽게 외워진 것을 튼튼히 한다며 계속 반복해서 외우기란 어렵지 않을까? 이제 보통의 아이가 과제집착력만을 갖추면 영재가 될 수 있는 길이 열려 있는데, 아직도 "에이 그래도! 우리 아이가 어떻게 영재가 될 수 있겠어."라고 생각하여 망설이는가? 만약 이렇게 생각을 한다면 보통의 아이는 영재를 만들 수 없다. 기회가 있는데도 아이를 엄마의 사고방식으로 가두어서 발전을 막게 되는 것이다. 그렇다면 가장 먼저 부모님의 '자의식 해체와 재정립'부터 해야 할 것이다.

자의식: 자기 자신에 대하여 아는 일

자의식은 자아가 붕괴되는 것을 막는 중요한 것이지만, 보통 자의식 과잉으로 새로운 발전을 막는다. 예를 들어 '우리 아이가 어떻게 영재가 될 수 있겠어?', '별소리를 해도 영재는 머리가 뒷받침이 되어야지.' 등의 부정적 생각으로 내 아이가 영재가 될 수 있는 길을 막을 수 있다. 내 아이가 영재가 되면 좋겠지만, 영재로 만들려면 지금까지의 생각을 바꿔야 하는 부담이 들기 때문이다. 학부모가 우선 자의식을 해체하지 못한다면, 발전은 없다. 해체했다면, 이제 보통의 아이와 영재가 같다는 것이 보일 것이다.

영재의 자격에 과제집착력, 지능, 창의력이 필요한데, 수학은 그중 지능과 창의력이 필요 없다고 했다. 보통의 아이가 과제집착력을 길러 가면 영재교육이지 별거 없다. 그런데 영재는 당연히 영재교육을 받아야 하고 천재는 당연히 천재교육을 받아야 하지만, 우리나라는 천재교육 프로그램이 없다. 그러니 이 글의 테마가 '보통의 아이를 영재로 만들기'라고 했지만, 결국 모든 아이는 영재교육을 받아야 한다고 생각한다. 또 방어기제가 발동되어 "보통의 아이가 영재교육을 받다가 힘들다고 포기한다면 책임지나요?"라고 묻고 싶을 것이다. 되묻겠다. 고등학교에서 3~4등급 이하를 받으려면, 지금처럼 하던 대로 하면 된다. 그런데 보통의 아이인데, 지금 필자가 말하는 것을 실행하지 않고는 2등급 이상을 받을 수는 없다. 우선 영재교육을 위해서 꼭 알아야 할 몇 가지 원칙을 언급하는데 앞서 얘기한 것들과 겹치는 것들도 있다.

(1) 수학이 아니라 아이를 변화시키려고 해야 한다.

수학은 아이의 특성에 맞춰서 수학을 변화시키는 것이 아니라, 수학의 특성에 맞춰서 아이가 변해야 한다고 했다. 변화의 대상은 수학이 아니라 학생이다. 명확하다. 아이는 다양해서 맞출 수도 없거니와 수학을 아이의 수준에 정확하게 맞출수록 아이는 실력변화가 더더욱 안 된다. 이런 교육을 학교나 학원에서 하기 때문에 아이들의 실력이 변화가 없고 상위학년에서 어려워지면 모두 수포자가 된다. 현재의 교육과정은 학생중심의 교육으로 모든 것을 아이에게 맞추겠단다. 근본적인 변화가 필요한데, 앞으로는 조금씩만 개정하겠다고 한다. 수학을 잘하게 하는 교육은 요원해 보인다. 중심이 되는 학생이 수학이 어렵다고 하니, 계속 수학을 쉽게 하려고 분량을 줄이고 난이도를 낮추기를 40년간 했다. 아무리 쉬워져도 수포자는 줄지 않고 아이들의 수학실력만이 내려가고 있다. 학생들의 수학실력이 떨어져 간다고 항의하면, 수학집필진은 수학을 모든 사람이 잘할 필요가 있냐고 주장한다. 바야흐로 수학과 과학의 시대다. 일부의 학생만이라도 잘하게 하는 방법은 없다. 단순히 생각해 보자. 어려운 수학문제를 개념으로 풀어서 아이의 실력을 높이자는 것이 맞다. 아이의 낮은 실력에 맞춰서 어려운 문제를 앞으로 수능에서 하나도 출제하지 않는다면, 교육부의 생각을 따라가겠다.

(2) 모든 교육은 기본을 튼튼히 갖추면서 비약을 기다려야 한다.

위의 말을 듣고 아니라고 하는 사람은 많지 않을 것이다. 그러니 지금 학부모들이나 전문가들이 하고 있는 교육이 이런 교육을 시행하고 있을 것이란 착각을 할 수 있다. 그러나 위의 말을 교육에 실행하는 사람은 많지 않다는 것을 하나하나 짚어보려 한다.

첫째, 기본을 튼튼히 하고 있는가? 3개월 만에 끝낼 수 있는 기본교육은 없다.

수학에서 기본이 되는 것이 무엇인지 명확히 하고, 그것의 목표를 정량화해서 맞춰놔야 한다. 그러나 기본이 되는 내용은 계속 바뀔 것이고, 정성적인 것을 어떻게 정량화해야 하냐고 되물을지 모른다. 그러나 기본이 되는 내용이 바뀐다 해도 그것이 연산과 개념이라는 것은 바뀌지 않는다. 기본은 일시에 끝낼 수 있는 것이 아니라서 계속해가야 한다. 기본을 튼튼히 하면 자신감이 생긴다. 자신감이 부족한 자리는 불안감이 채우게 될 것이다.

현재 교과서는 각 학년에서 가르쳐야 할 영역을 정해놓았지만, 구체적으로 필요한 연산과 개념의 목표와 정량화가 되어 있지 않다. 지속해서 같은 실행과 의도된 결과를 얻어야만 교육이다. 다행히 필자가 연산의 목표를 정하고 정량화를 많이 해 놓았다. 이제 대상이 되는 개념의 범위를 정하고, 필요한 정의들을 새롭게 만들어 가고 있다. 물론 부족한 실력이라는 것도 알지만, 누군가는 먼저 시도해야 한다고 본다. 수학에서는 기본들이 많지는 않지만, 거의 도구화가 목표라서 실력을 축적하는 데 많은 시간이 필요하다. 그런데 교과서의 어떤 단원도 학습기간이 3개월을 넘지 않는다.

수학에서 중요한 기본이 되는 것들이 도구화가 되는데, 3개월 내에 끝나는 것들은 많지 않다. 그렇다면 대부분의 학생들이 기본이 부족한 상태에서 다음 단원을 공부하니 항상 부족부분이 남게 된다. 그런데 수학교육자들이 수학은 계통학습이고 나선형학습을 하고 있다고 생각하기에, 마치 시간이 가면 부족부분이 채워질 것으로 착각하지만 현실은 채워지지 않는 것들이 많다.

예를 들어보자. 우리가 초등 2학년에서 구구단을 외웠고 초중고와 사회생활을 하면서도 구구단을 사용했다. 우리가 초등 2학년에서 외웠을 때의 구구단 실력과 지금의 구구단 실력을 비교해 보자. 당연히 지금이 2학년 때보다 실력이 높겠지만, 과연 증강된 실력이 수학을 하기에 적합한 수준까지 되었느냐는 것에 부정적이다. 즉 여러분의 구구단 실력은 초등 2학년에서 결정되었다 해도 과언이 아니다.

둘째, 기본과 확장을 동시에 하려고 하는가? 학교와 학원은 수학교육에서 기본을 한 뒤 확장을 하려 한다.

사람들은 '기본을 갖추고 나서 확장을 해야 한다.'라고 머리로는 생각하고 있을지는 모르겠으나, 현실에서 시행되는 교육은 이것과 다르다. 예를 들어 학교에서 초등 4학년이 되었거나 처음으로 4학년에 보습학원에 갔다고 하자. 1~3학년까지의 기본은 갖추었을 것으로 보고 4학년 과정의 진도를 나간다. 하도 익숙해서 그렇지, 이것은 기본을 먼저 한 뒤에 다음으로 확장을 하는 것이다. '가르쳐야 할 것이 많은데, 이렇게 가르치지 않으면 대안이 있느냐?'고 할지 모르겠다. 되는 방법을 찾는데, 안 되는 이유부터 찾으면 안 된다. 우선 문제점부터 보자.

초등 4학년의 연산은 3학년까지 배운 것을 확장하는 시기이고 새로운 것은 거의 없다. 따라서 4학년 부분이 잘 안된다고 죽어라 4학년 부분을 시켜서는 해결되지 않고 부작용만 나온다. 그렇다면 1~3학년에서의 부족부분이 심각할 때, 보강하지 않는다면 수포자의 대열에 합류한다. 현실적으로 '이전의 기본을 길러주는 교육은 어디에 있는가?'라고 볼 때, 학습지 회사가 연산을 보강하는 것 이외에는 아무것도 없다.

이렇게 학년별로 분류하고 각각의 것들만 가르치는 것이 대세처럼 보이지만, 국영수 이외의 교육은 모두 기본과 확장을 동시에 한다. 예를 들어, 태권도 학원에 갔더니 '초등 4학년이니 기초체력을 기르는 과정은 빼자!'라고 하지 않는다. 항상 기초체력 훈련부터 기본 품새를 할 것이다. 피아노 학원도 마찬가지다. 실력과 관계없이 기본이 되는 하농 기본을 꾸준히 훈련하고 나서 수준에 맞는 프로그램을 진행할 것이다. 기본과 확장을 동시에 하는 교육이 대부분이고, 이것이 올바른 교육의 표본이다. 어느 학년의 무엇을 가르치더라도 수학의 기본이 되는 연산과 개념을 지속해야 한다. 앞서 '필자에게 찾아오는 대부분의 학부모가 늦었다고 하는 것'은 학원장에서 들은 말을 앵무새처럼 하는 말이라고 했다. 지금의 학교나 학원의 교육과정은 기본이 되는 것을 병행하지 않으니, 학부모 보고 부족부분을 채워오라고 하거나 늦었다고 하는 것이다.

<u>셋째, 비약을 하려고 하는가? 이 부분이 안 되면 열심히 해도 찻잔 속의 미풍이 될 것이다.</u>

거의 모든 선생님이나 전문가들이 기본을 익혀가며 쉬운 개념들을 사용하는 다양한 것들부터 차곡차곡 실력을 쌓아가야 한다고 한다. 그러나 필자는 기본을 기르면서 곧장 어려운 심화문제에 도전해서 비약을 준비해야 한다고 한다. “그렇게 했으면 좋겠지만, 그게 가능하냐.”며, 말도 안 된다고 할지 모르겠다. 이 생각을 바꾸지 않는다면, 아이를 최고로 키울 수 없을 것이다. 아마 필자의 말이 비현실적이라고 하겠지만, 오히려 조금씩 실력을 키워나가자는 말이 비현실적인 말이다. 왜냐하면, 실제로 실력이나 성적이 조금씩 올라가서 정점을 찍은 예는 없다. 실력이나 성적이 올라간 사례는 모두 예외 없이 기본을 튼튼히 하는 긴 기간을 지나 순식간에 비약적인 성장을 이루었다. 역사상 어떤 사례도 20점, 40점, 60점, 80점, 100점으로 점차 서서히 올라간 예가 아예 없다. 대부분의 전문가들은 서서히 올라갈 프로그램을 제공하고 있으니 이들이 모두 실패했다는 것을 의미한다. 조금씩 성적이 올라가는 경우는 없으니, 스몰스텝의 환상에서 벗어나라.

기본을 다지면서 곧장 심화문제를 풀라고 한 첫 번째 이유는 출발선을 높이려는 데 있다. 기본을 다지면서 쉬운 문제집부터 차곡차곡 풀어간다면 아마도 많은 문제집에 치여서 시간은 없고 쉬운 문제들에 길들여질 것이다.

두 번째 이유는 모든 학습의 성장곡선은 계단 모양이고 이것을 일궈내려는 의도이다. 모든 학습의 성장은 직선처럼 비례하는 모양이 아니다. 공부한 것에 비례해서 성적이나 실력이 자랐다면 신나서 모두 공부를 잘했을 것이다. 아마 책읽기의 수준이 계단 모양이라는 말을 들었을 것이다. 책뿐만 아니라 가까이서 보면 기본을 지키는 지루한 기간 이후 갑자기 성장하였다가 거기서 한참을 지체하다가 다시 급격한 성장을 한다. 멀리서 보면 계단 모양이다. 학습의 성장이 계단 모양인 것을 알기에 전문가들이 조금씩 스몰스텝을 주장한 것이다. 전문가들이 착각한 것이 있다. 계단은 계단인데 많이 크다. 학습의 성장 계단은 무척 커서 2~3개의 계단만 올라서면 세계 최고의 수준이다. 전문가들이 주장하는 스몰스텝의 작은 계단은 멀리서 보면 일직선일 뿐이다.

세 번째 이유는 풀어야 할 문제집의 권수를 줄여서, 힘을 남기기 위함이다. 의지가 자라기는 하지만, 어느 특정 시기에 한없이 솟아나는 샘물이 아니다. 그렇지 않고 4~5권의 많은 문제집을 풀고도 시간이나 심적 여유가 남아서 어려운 심화 문제에 깊이 있게 도전하고 그러고도 의지가 남아서 더 어려운 문제에 도전하려는 마음이 들 수 있는 아이가 있다면 그렇게 하라. 그런데 이런 아이를 필자가 하라는 대로 한다면, 세계적인 인물이 될 수 있을 정도로 희소할 것이다.

심화와 선행의 조화

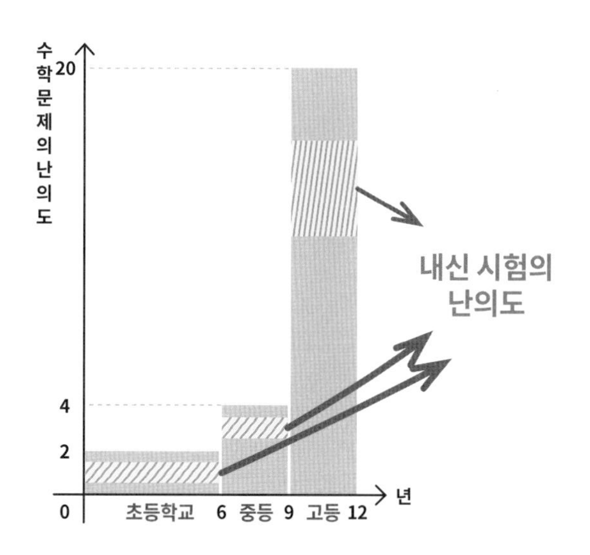

<초중고의 시험 난이도와 심화문제들의 관계 그래프>

위 그래프를 잠깐 설명하면, 중학교와 고등학교의 수학 내신시험은 너무 쉽거나 너무 어렵게 나오지 않는다. 또 고등수학의 난이도는 중학수학의 난이도의 3~7배인데, 위 그래프는 5배로 그렸다. 중학교의 내신시험 정도의 난이도나 심화문제들의 난이도가 고등 내신 정도에도 못 미치고 있다. 왜 초중등에서부터 기본을 다지면서 어려운 문제를 풀어야 하고 더 높은 곳을 가려는 마음이 있어야 하는지를 위 그래프를 보면서 직관적으로 이해했으면 좋겠다. 간혹 초등과 중등에서 기본만 충실히 하다가 고등에 가서 열심히 하자고 하는 사람이 있다. 또 초등, 중등, 고등까지 기본을 쭉 공부하고, 고등수학을 여러 번 반복하여 심화까지를 끝내면 된다

는 사람들이 얼마나 황당한 말을 하는지를 보여주려고 위 그래프를 그린 것이다. 중학교의 내신시험 100점이 고등수학의 준비가 아닌 것을 막연하게나마 느꼈을 것이다. 초중고의 수학을 몇 년간 기본만 가르쳐서 쉬운 문제에 길들여지는 순간 고등의 어려운 문제는커녕 일반적 수준의 문제들도 접근하지 못하게 된다. 왜 중학교 우등생이 고등에서 70%가 추락하는지 이해했을 것이다.

(3) 영재교육을 시키자.

앞서 모든 아이는 영재교육을 시켜야 한다고 했다. 사람에 따라 난이도는 약간 다르더라도 영재교육을 시키는 아래의 방법은 같아야 한다.

모든 학생들의 수학교육의 방법: 연산과 개념을 도구화하면서, 하루에 한두 문제라도 곧장 어려운 문제를 개념으로 하나하나 해결해 간다.

위 공부방법은 영재들의 공부방법이기도 하다. '부자가 되기 위해서는 부자처럼 행동하라.'는 말이 있듯이 영재가 되려면 영재처럼 하면 된다. 필자의 공부 방법을 들은 많은 사람들은 실행하기가 어려워서가 아니라, 너무 쉬워 보여서 망설여진다고 한다. 간단해 보이지만, 영재교육을 실행하면서 연산의 도구화, 개념의 도구화, 연역법, 예단 금지, 학생들의 실력변화, 높은 출발선, 중등의 빅스텝, 고등의 빅스텝 준비 등을 모두 담아내야 한다. 평범해 보이겠지만, 이제 그 안에 있는 비범함을 찾는 것은 독자의 몫이다.

<팁> 나는 4명을 가르치나 400명을 가르치나 똑같다.

필자가 직접 만든 수학학습지를 가지고 20여 년간 실험을 하면서 가르치는 아이들을 보고, "너희들은 마루타다."라고 농담을 하며, 다양한 연구와 많은 실험을 하였다. 잠깐 언급해 본다. 아이가 일주일에 학습지의 반복을 몇 번 하는 것이 좋을지 연구했다. 학습지에서 연산, 도형, 문장제를 분리하면서 학생들의 반응을 연구했다. 또한 연산의 각 영역에서 회복탄력성을 끊는 시간을 연구했다. 또한 초중고의 아이들을 가르치면서 교과서에 나와 있지 않거나 나왔어도 개념이 아닌 것의 개념을 만들어 한 줄로 정리했다. 아무튼 생각나는 방법대로 이것저것 실험한 결과를 바탕으로 연산의 의미와 목표,개념으로 풀기 등 수학교육 방법을 정립하여, 이 책에서도 말하고 있는 것이다.

대부분의 아이들에게 부족하며 기본이 되는 연산과 개념을 가르치고 이것으로 풀라고 했다. 모르겠다고 하면 개념을 외우고 그것으로 푸는지 확인했다. 대개의 아이들은 자신이 문제를 풀면서 자신의 생각을 말로 하지 못하기에, 글자 하나, 식 하나, 오답 하나 등 아주 작은 단서만을 보고도 그 아이의 논리를 유추해야 했다. 하나를 알려줘도 아이들의 생각을 따라가면서 아이가 틀리게 생각하는 논리를 교정해야 의미가 있다. 그런데 필자가 이렇게 가르칠 때 가능한 인원이 최대 3명이었다. 3명까지는 아이들 각각의 논리를 따라가며 교정이 가능하다. 그러나 3명이 넘어서 4명이 되면, 3명만 되고 한 명이 안 되는 것이 아니라, 4명이 모두 안 된다. 그러니 필자의 입장에서 가르치는 인원이 3명이 넘는다면, 4명이나 400명이나 모두 일방적인 의사전달이라서 학습 효과가 떨어졌다.

이후에 학원을 차렸고 한 반에 3명을 넘지 않도록 했다. 학원에서 한 반에 3명을 받는 것은 아무리 가르쳐도 교육지원청의 분당 200원 학원비라는 법을 준수하여 수지타산 0이다. 즉, 한 명이 임대료, 한 명이 강사료, 한 명이 전기세를 담당한다. 문제는 거기에 있지 않았다. 한 반에 3명은 필자의 강의 시간을 무한정 늘렸다. 게다가 주말에는 전국의 학생들이 찾아왔다. 3년 넘게 주말은 물론이고 명절도 못 쉬고 몇 번을 서서 강의하다가 졸았다. 죽는 줄 알았다. 해결 방안을 찾다가, 학원 강의에서 실시하던 영재교육을 온라인으로 바꿨다. 이제 2년 좀 넘은 정도를 했으니 아직 실험의 결과가 나오기에는 시기상조이지만, 예상과 달라질 것 같지는 않다.

3부

학생들의 착각

3-1. 학생이 학부모에게 가장 많이 시키는 설정; '능력은 되는데 게으르다.'

3-2. 배우는 어려움보다 안 배우거나 못 배워서 받는 고통이 더 크다.

3-3. 본능이 오류를 만든다.

3-4. 새롭거나 어려운 것은 한꺼번에 많은 것을 공부하지 마라.

3-5. 인쇄된 것은 무조건 맞는다는 착각을 버려라.

3부
학생들의 착각

동양에서는 '소년등과(少年登科)'를 걱정하였고, 서양에서는
"신이 망가뜨리고 싶은 인간이 있다면, 신은 가장 먼저 그가
잘될 사람이라고 추켜세운다."라는 말이 있다.
기본을 다져야 할 초중등에서 기술을 배우고 전력을 다해서
유형문제 풀이로 성공을 얻었다면, 이것은 차라리 재앙이다.

3-1. 학생이 학부모에게 가장 많이 시키는 설정; '능력은 되는데 게으르다.'

"쟤는 열심히만 하면 잘할 텐데, 입만 살았네요."

많은 부모나 선생님들이 "얘는 머리는 좋은 데, 노력을 안 해서 공부를 못한다."라며 안타까워하면서 하는 말이다. 학교나 학원 현장에서 보면, 이런 아이들은 널려있을 만큼 많다. 선생님들의 표현으로는 "아이가 죽어라고 공부를 안 한다. 까불고 숙제도 안 하고, 학원을 그만 나오라고 해도 꾸역꾸역 나온다."고 한다. 그래도 부모는 내 자식이 언젠가는 정신을 차려서 잘할 것이라는 기대를 가진다. 기대가 있으니 학생들을 윽박지르거나 혼내게 되는 경우가 많은데, 나이를 먹을수록 점점 아이가 능글맞게 군다. 이 상태가 지속되면, 아이는 스스로의 거짓된 능력에 자괴감이 쌓이고 부모는 아이를 위해 공부가 아닌 다른 길을 모색하게 된다.

오해다. 이 모든 것은 아이가 스스로 남에게 보여주는 모습을 '능력은 되지만, 노력을 안 하는 아이'로 설정한 것이다. 사랑하는 부모나 선생님들 그리고 주위 친구들에게 '머리가 나쁘다.'는 등의 능력을 의심받고 싶지는 않다. 사실은 주위 사람들 몰래 수학문제를 풀어도 봤는데, 안 되었다. 이제 아이의 입장에서는 '노력을 했는데, 머리가 나빠서 안 된다.'와 '머리는 좋은데, 노력을 안 해서 안 된다.'를 선택해야만 되었다. 노력을 했는데 머리가 안 좋아서 안 되는 경우는 부모나 선생님들로부터 혼나지는 않으나 능력을 부인당한다. 주위로부터 인정받고 싶은 그 나이의 자존심 강한 아이가 이것을 선택하는 것은 쉽지 않다. 결국 아이는 '머리는 좋지만, 노력을 안 하는 아이'로 자신을 설정하고 여기에 맞추려고 한다. 남들이 보는 데서 절대 공부를 안 하고, 자신의 머리가 인정받을 수 있는 상황의 때를 노린다. 학창시절에 많이 보았을 것이다. 선생님이 수업 중에 무언가 질문을 했을 때 안다 싶은 것이 나오면, 유난히 소리소리 지르며 "저요, 저요."를 남발하는 학생들이다. 시켜보면, "갑자기 물어보니까 생각이 나지 않네."라고 한다. 평상시 공부를 안 했지만, 수업 중에 자신의 능력을 발현할 기회를 지금처럼 노리기 때문에 딴짓을 하면서도 한 귀로는 듣는다. 그러니 비슷한 말이 나오면 지금처럼 광분하지만, 공부를 안했으니 여전히 대답을 잘 못하는 것이다. 집에서도 똑같다. 무언가 얘기를 하다가도 부모에게 똑똑하다는 것을 인식시킬 만한 것을 어떻게든 찾는다. 그러니 학교선생님들이나 부모의 눈에는 아이가 능력은 있어 보이고, 공부를 하지 않으니 엄청나게 혼을 내게 된다. 아이는 '능력은 된다.'라는 알량한 자존심 하나를 부여잡고, 엄청나게 혼나면서도 견디고 있는 것이다. 그런데 아이가 지금 공부를 하지 않는 상황이기에 앞으로도 절대 나아지지 않는다.

'능력은 되는데 게으르다.'는 포지셔닝을 반드시 바꿔야 한다.

아이가 사람들에게 설정한 포지셔닝을 바꾸지 않으면, 악순환이 계속된다. 그러기 위해서는 가장 먼저 아이와 흉금을 털어놓는

솔직한 대화를 할 수 있는 사람이 필요하다. 매일 만나서 앙금을 쌓은 부모나 선생님이 아닌 별도의 수학선생님이라면 더 좋겠다. 서로 대화를 해서 첫째, '아이가 공부를 했는데도 안 되었다.'는 진솔한 고백이 있어야 고칠 준비가 된다. 아이가 안 하려고 안 하는 것이 아니라 해도 안 되어서 그런 것이다. 상담자는 답답했던 아이의 아픔을 공유해야 한다. 둘째, 지금처럼 머리는 좋은데 노력을 안 하는 포지셔닝은 죽었다 깨어나도 공부를 잘할 수 없다. 공부를 안 하는데 어떻게 공부를 잘하게 되겠냐는 것에 아이가 인정하고 공감해야 한다. 셋째, 머리가 좋다는 포지셔닝을 버리지 않으면, 방법이 없음을 알아야 한다. 넷째, 기본을 충실히 하면 잘하게 된다는 확신을 가져야 한다. 그동안 안 된 이유는 기본이 되는 연산도 개념도 안 되어 있는 상태에서 잠깐을 노력해서이다. 올바른 노력은 배신하지 않는다. 다섯째, 필자의 기본교육과 영재교육 프로그램을 충실히 하면 얼마든지 부족부분과 비약을 이루어낼 수 있음을 믿어야 한다.

능력은 되는데, 노력을 안 한다고 남들을 속일 수는 있지만, 자신을 속일 수는 없다. 그래서 필자와 상담을 하면, 울음을 터트리는 경우가 많았다. 때로는 고통스럽더라도 현재의 위치를 정확하게 아는 것에서 항상 출발점이 잡힌다. 방법을 알았으니 목적을 향해 시종일관한다면 얼마든지 갈지자로 가는 모든 이를 추월하게 될 것이다.

<팁> 누군가 믿어준다면, 수학이 될까?

1950년대 초반 미국 하와이 근처에 '카우와이'라는 섬이 있었다. 그 섬은 척박하고 열악한 환경이었고 거주하던 사람들은 약 15만 명 정도로 마약중독자나 알코올중독자 등 경제적으로 가난하였다. 섬에 있던 전체의 인원을 20년간 추적 연구하는 대규모 종적실험이 진행되었다. 연구의 주제는 '열악한 환경이 인간에게 미치는 영향'이었다. 20년간 추적 연구를 하는데, 연구의 결과는 예상했던 대로 '열악한 환경은 별로 좋지 못한 결과'를 가져온다는 것이었다. 20년간 천문학적인 연구비용이 들어간 것에 비해서는 초라한 결과였기에 연구자들은 무척 난처하게 되었다. 그래서 연구의 주제를 바꾸었다. 새로운 연구의 주제는 '열악한 환경 속에서도 성공하는 아이들의 특징은 무엇일까?'이다. 이제 좀 궁금해진다.

방대한 자료들을 추적 연구하여, 비로소 불행한 환경 속에서도 성공을 일궈낸 아이들의 공통된 특징을 밝혀낼 수 있었다. 그것은 바로 '아이가 잘될 거라고 믿어주던 사람이 반드시 한 명

이상 있었다.'는 사실이다. 부모가 아니라 친구, 연인, 목사, 상담자나 옆집의 아저씨 등 누구여도 괜찮았다. 심지어는 잘 될 것이라는 믿음의 근거가 아무것도 없어도 좋았다. 자살자들에게 단 한 사람이라도 믿어주는 사람이 있다면, 어떻게든 세상을 살 힘을 얻는다고 하였다. 필자도 어렸을 때, 엄마가 "너는 나중에 잘 될 거야."라고 말했고 이유를 물었더니 "왠지 그럴 것 같다."는 말을 들었다. 그런데 아직까지도 그 말을 기억하고 희망을 가진다.

현장에서 볼 때, 가르치는 사람들이 믿어주는 것을 뛰어넘는 것을 본 적이 없다. 많은 사람들이 믿어만 주면, 위 사례처럼 성적이나 실력이 변할 것으로 착각한다. 수학은 다르다. 수학은 기본을 길러주고 비약을 믿어주고 노력하기를 중학생이면 최소 6개월 이상, 보통 1년에서 1년 반의 기간은 족히 걸려야 믿음에 대한 결과가 나온다.

3-2. 배우는 어려움보다 안 배우거나 못 배워서 받는 고통이 더 크다.

"학교에서 안 배우는 건데, 굳이 배워야 할까요?"

학교시험의 출제범위가 교과서이니, 학생들이 당장 시험에 나오지 않는 것들에 대해서 관심이 떨어지고 급기야는 배우려고 하지 않는 경우가 많다. 나중을 위해서 꼭 필요하다고 하면, 그럼 그때 가서 배우겠다고 한다. 지금 배워서 충분한 연습을 해야 된다고 설명하면, 교과서가 나중에 가르칠 때는 그만한 이유가 있을 것이라고 한다. 정말 그럴까? 연산과 달리 개념은 얼마든지 가르치고 이해하는 것이 가능하다. 다만 일찍 가르칠 때 제대로 가르치지 않으면 오개념의 위험성이 있다. 그러나 어차피 많은 경우는 제 학년에 가르치는 곳에서도 개념을 제대로 가르치는 경우가 없다. 물론 연산이나 어떤 성질 등을 가르치는 것은 오래 걸리고 충분한 연습이 필요하다. 이것들과 동시에 자라는 것이 필요해서이지 단순히 개념만을 보면 고등수학도 초등학생이 모두 이해할 수 있다. 수학도 언어이니 잠시 국어와의 비교를 해보려 한다.

국어수준과 수학수준의 비교

구분	기초회화	가나다라…	동화책	약간 긴 글밥책	쉬운 문학작품
국어	3~4살까지	5~6살	6살~초2	초3~4	초5 이상
수학	없음	6살~초6	초4~중3	중1~고1	중3~고3

위 비교는 필자의 예측이다. 국어와 비교했을 때, 수학은 초등 6년간이 가나다라와 같은 기초연산이고 초4에서 중3까지는 기초적인 수식 읽기에 해당한다. 고등수학이 어렵다고 하는 것은 수식에 대해 의미있는 읽기가 되지 않았던 탓이다. 실제로 수학은 대부분 국어의 어려운 문학작품 수준에 미치지 못한다. 이를 뒷받침한 예를 몇 개 들어본다. 첫째, 기초연산이 되고 책읽기가 잘 된 아이는 수학도 잘한다. 둘째, 초5~6에 중학수학 3년의 과정을 끝내는 것을 종종 본다. 셋째, 초6이 고등수학을 한다는 것은 고등수학을 이해한다는 것이다. 넷째, 고등학생들이 어려워하는 수학문제를 한글로 풀어서 초5~6에게 말했을 때 이해를 못하는 아이는 거의 없다.

많은 경우 생각이 부족한 것이 아니라 못 배워서 틀리는 것이다.

이번에는 구체적인 개념인 등호(=)을 가지고 설명해 본다. 등호는 수학에서 가장 중요한 기호이다. 이 등호를 아이들이 유치원 때부터 문제를 풀면서 본다. 그러나 등호의 개념을 저절로 알게 될 것이라고 생각하며 누구도 설명하지는 않는다. 결국 중학생이 될 때까지 등호라는 이름도 잘 기억하지 못한다. 중학교에서야 비로소 등식의 성질을 두 페이지 정도를 배우지만, 곧바로 이항 등의 기술로 중3까지 문제를 푼다. 등호가 갖는 올바른 설명은 고1이 되어서야 포함관계라는 개념과 함께 필요충분조건이라는 이름으로 가르친다. 그런데 많은 성인들도 필요충분조건이 등호를 설명하는 것이었다고 말하면, 한 번도 그렇게 생각해 본 적이 없다고 한다. 등호의 정의를 가르치려면, 포함관계를 알아야 하기에 고1때까지 오래 걸렸다고 할 수도 있으나 그렇지 않다. 등식의 성질로 이해해야 하는 것이 초등 2학년부터 문제로 계속 나온다. 초4 이후 논리적인 문제들은 거의 포함관계로 설명이 된다. 즉 등호의 개념을 정식으로 배우는 것은 고1인데, 고1이 되기 전에 초중등의 9년간 대부분의 문제에서 사용된다. 간혹 문제가 나오면 등식의 성질을 초2에서 가르치는 데, 아이들이 개념상으로 어려움을 느끼지 않는다. 필자도 초등 고학년에서 '4의 배수는 32이다.'를 맞다고 답했다가 틀렸던 적이 있다. 논리를 못 배워서 '32는 4의 배수이다.'로 잘못 해석한 것이다. 이처럼 외우라는 것을 안 외웠다거나 하는 것 때문에 문제를 틀린 것이 아니라 못 배운 개념이 문제를 틀리게 한 것이다.

배우는 어려움보다 못 배운 고생이 더 크다.

필자가 만든 개념 중에 '수세기의 정의'가 있는데, 이것으로 설명한다. 수세기는 수의 개수를 세는 유일한 방법이고, 순서와 양과의 관계를 다루는 중요한 개념이다. 수세기는 별거 아닌 것처럼 생각될 수도 있겠지만, 개념이 늘 그렇듯이 어려워져야 그 진가를 드러낸다. 수세기가 미지수나 함숫값 등에서 사용될 때, 수세기의 개념을 모르고 있다면 삼각함수 등의 그래프 그리기조차도 이해가 안 간다. 수세기를 초등과 중등에서 가르치고 연습시켜서, 고등에서 자유자재로 사용하자는 것이 필자의 생각이다. 그런데 초중고의 학생들에게 가르쳐 보면, 수열이나 함수에서 고생했던 고등학생들은 '선생님은 천재!'라면서 가장 좋아한다. 그런데 초중등의 아이들은 시큰둥하다. "알겠는데요. 그것 나중에 배우면 안될까요?"라고도 한다. 이것은 필자가 만든 것이라서 나중에 고등학교에 가서도 배울 수 없다고 얘기한다. 그러면 그때 가서 배우겠단다. 공부에 찌든 아이들은 어떻게 해서든지 공부의 양을 당장은 줄이고 싶다. 초등학교의 수세기는 몇 개 안되니 헤아리면 되고, 어차피 엄마도 개념을 모르니 하나하나 겉넘지 말고 헤아리라고 한다. 초등학교에서 개념 없이 풀어도 웬만하면 다 풀리니, 아이들은 배우는 것을 최대한 연기하고 싶다. 초중등에서 문제를 풀면서 당장은 어렵지 않아도 나중을 위해서, 반드시 개념을 배워야 한다. 나중에 고등학교에서 헤아리기에는 너무 많은 수를 하나하나 헤아리는 고통을 받거나 셀 수 없는 미지수를 다루며 난감해한다. 수학은 학생들을 괴롭히려고 하는 것이 아니라, 학생들이 개념으로 머리를 써서 풀기를 바란다. 추운 겨울날, 당장 조금 귀찮다고 외투를 입지 않고 밖으로 나가지는 않을 것이다. 개념을 안 배우면 낮은 단계의 수준에서 고생을 하면서도, 개념을 사용하지 않았으니 실력도 늘지 않는다.

안 가르치면 모르는 것이 아니라 오개념이 자란다.

농사를 지으려고 밭을 일구었다가 아무것도 심지 않았다고 하자. 시간이 지난 그 밭에는 아무것도 없는 것이 아니라 오히려 농작물을 심은 것보다도 더 잡초로 무성해질 것이다. 우리의 머리도 그렇다. 배워야 할 시기에 배우지 않으면 아무것도 없는 것이 아니라 오개념으로 가득 차게 된다. 2년 전 700여 명의 학부모에게 '수직선'이 무엇이냐고 물어봤다. 700명 안에는 학교나 학원의 선생님들이 다수 있었다. 물론 수직선의 정의가 초중고의 교과서 어디에도 나오지 않는다. 거의 80~90%의 사람들이 수직선은 '수직으로 만나는 선'이라는 오답을 내었고 나머지는 모르겠다는 응답이었다. 이것만 보더라도 가르쳐야 할 개념을 가르치지 않았을 때, 모르겠다는 사람은 얼마 되지 않고 대부분 오개념이 쌓인다는 것이다. 그런데 신기한 것은 서로 상의한 것도 아닐진대 모두 똑같은 오답이 나온다는 것이다. 수직선을 물으니 수직선의 모습을 머릿속에 떠올리며, 직선의 일정한 간격에 수선이 그려져 있는 것을 보고 느낌으로 말한 것이다. '수직으로 만나는 선'은 '수선'이고, 수직선의 정의는 필자가 만들었다. '직선에 있는 점을 모두 수로 보는 직선' 즉 '수로 된 직선'이고 강의용으로는 '수~직선'이다. 직선이 만들어지기까지와 직선에 있는 점을 수로 표시하는 것을 고민한 수학자들의 이야기 그리고 데데킨트의 절단까지 모두 설명하는데 걸리는 시간은 오래 걸리지 않는다. 한번만 들으면 모두 이해하고 잊지 않는다. 그러지 않더라도 교과서의 어디에 수직선의 정의만 써놓아도 이렇게 사람들이 오개념이 만들어지지 않았을 것이다. 혹시 수직선이 별거 아니어서 교과서에 넣지 않은 것이라는 오해가 있을 수 있겠다. 잠깐 오해를 막기 위해서라도 수직선에 대해서 말해본다. 수학에서 수직선을 빼놓고는 수학을 언급할 수 없을 만큼 수직선은 중요하다. 우선 수직선을 통해 실수의 다양한 특징을 알 수 있다. 실수의 대소구분, 부등식의 구간이나 영역, 연속을 바탕으로 유무한의 시각적 접근 등 앞으로 고등수학의 꽃이라 불리는 미적분에 이르기까지 수직선의 도움 없이는 아무것도 하지 못한다. 그런데 현실은 교과서에서 수직선의 정의도 없고 자꾸 축소하여 이제 아이들은 수직선에서 분수의 표시도 어려워하게 되었다. 아이들이 어려워한다고 빼버려서 그렇다. 아이들이 밥먹기를 싫어한다고 영양죽을 줄 수는 없다. 수직선의 정의가 교과서에 없었던 이유는 수직선의 개념을 학생 스스로 발견하라는 것이다. 수학의 발견은 불가능하다고 했다. 안 가르치고도 발견하는 것이 되었다면, 수십 년 동안 현장에서 아이들을 지도했던 선생님들이 수직선이 무엇이었는가를 먼저 발견했을 것이다. 선생님들을 비하하려는 것이 아니라 수학이라는 학문이 그렇다는 것이다. 수직선에서 수를 표현하는 지금의 방법은 수천 년 동안 못하다가 19세기가 되어서야 데데킨트라는 사람이 발견한 것이다. 19세기에 데데킨트가 발견하였다는 것은 그 이전에 살았던 어떤 천재도 이 생각을 못 했다는 말이다. 천재들도 발견하지 못하는 것을 일반인이 어찌 개척해 가겠는가? 그래서 필자가 수학은 책이나 누군가에 의해 배워야 하는 학문이라고 하는 것이다.

— <팁> 몸에 힘을 빼기 위해서는 먼저 몸에 힘이 들어가 있어야 한다. —

1970년대 갈리모어와 타르프라는 미국의 두 교육심리학자는 최고의 선생님이 가르치는 것을 연구하기로 했다. 최고의 선생님으로 존 우든이라는 농구코치가 선정되었다. 존 우든은 코치가 된 후, UCLA 농구팀을 전국 챔피언십에 10년 동안 9번 출전시켰고, 최근 3년 동안 여든여덟 경기 연속 불패기록을 세웠다.

존 우든의 티칭방식은 일반적이지 않았다. 우선 일반적인 사람들이 생각하는 칠판을 사용한 강의, 용기를 북돋는 연설, 상벌시스템 등이 없었다. 대신에 존 우든은 선수들에게 짧고 구체적이고 많은 말들을 속사포같이 쏟아냈다. 처음에 연구자들은 "이것이 위대한 코치가 하는 일이냐?"라며 실망했다. 코치가 하는 시범은 3초를 넘지 않았고 이 때문에 선수가 행동이 지체되는 일은 없었다. 충동적으로 내뱉는 것과 같은 말 한마디도 실은 계획적인 대사와도 같았다. 비로소 독립된 티칭의 행동 2326개가 쌓이고 이것을 분석하였다. 칭찬 6.9%, 불만 6.6%이고 나머지 75%가 순수한 정보였다. 칭찬이나 불만의 표시는 극히 적고, 구체적인 내용, 풍부한 정보, 실수에 집중하는 훈련 등이 대다수였다. 칭찬은 칭찬을 받을 만한 것에만 했고, 실력을 올릴 수 있는 구체적 내용을 짧고 간결하게 전달했다는 것이다.

필자가 보기에 존 우든이 선수들에게 마인드 교육을 시키지 않은 것은 필요가 없어서이다. UCLA 농구팀에 들어올 정도면, 의지가 충만하고 이미 훌륭한 선수였을 것이다. 그러니 위 사례를 모든 학생들에게 적용할 수는 없다. 뛰어난 학생들을 위한 참고 자료로 사용하라고 이 <팁>을 마련했다. 뛰어난 학생들은 칭찬만이 아니라, 칭찬만큼의 질책 그리고 압도적으로 많게 실력을 올릴 수 있는 구체적 내용이 필요하다고 본다.

어느 분야에서든지 대가들이 하는 공통적인 말들이 있다. '첫째, 힘을 빼라. 둘째, 리듬을 타라. 셋째, 문제점에 집중하라.'라고 한다. 이 말들을 초심자가 액면 그대로 받아들이면 안 된다. 힘을 빼기 위해서는 먼저 몸에 힘이 들어가 있어야 한다. 처음에 개념을 익힐 때도 다소 과장하고 문제에 하나하나 맞춰봐야 한다. 그다음에 어느 정도 실력이 되면 효율을 생각해야 한다. 효율은 직선이 아니라 항상 곡선이기에 자연스럽게라는 말이 나오는 것이다. 그리고 전체를 대충 하는 것이 아니라 문제가 되는 곳에 치중해야 발전이 일어난다.

3-3. 본능이 오류를 만든다.

“우리가 수학뿐만 아니라 학습을 통해서 배우는 것은 모두 개념이거나 절차적 기술들이다. 개념을 배울 때는 당연히 개념을 잘 이해하고 이것을 외워야 한다. 절차적 지식은 한마디로 기술이니 그대로 외우는 것이 아니라 왜 그런지에 대한 원리를 배워야 한다. 그래서 사람들이 개념과 원리를 배워야 한다고 하는 것이다. 개념과 원리를 배웠다가 일상생활에서나 이것이 사용되는 때가 되면 사용하면 된다. 그런데 이때가 언제가 될지 모르고 이것을 외웠는지를 확인하고 강화시키기 위해서 문제들을 풀어본다.”

위의 말은 필자가 학습에 대해서 갖고 있는 생각인데, 많은 사람들이 동조하지 않을까 생각한다. 수학도 개념과 원리가 가르쳐야 되는 대상이다. 그런데 개념과 원리를 잘하는데도 불구하고 이상하게 틀리는 일이 생기게 된다. 개념과 원리를 완전하게 몰라서 그렇다고 생각할 수도 있겠지만, 다른 이유가 혼재된다. 잠깐 생각해 보자. 학습이라는 것은 외부로부터 내 머리에 들어오는 것이다. 그렇다면 본래부터 머리에 가지고 있었던 것도 있지 않았겠는가? 본능이다.

머리에 본능이 만들어 놓은 얼개가 있는 상태에서 개념과 원리를 학습한다고 보아야 한다. 우리가 학습을 통해 개념과 원리를 익혀서 논리적인 문제를 해결하는 데, 본능이 저해 요인이 될 수도 있다는 것이다. 물론 수학을 오래 공부하다 보면, 본능이 만들어 놓은 비논리적인 부분이 수학적 논리로 대체되어 간다. 필자의 수학교육의 정의에서 목표가 논리적인 사람이었단 것을 기억하기 바란다. 그런데 문제는 아직 수학을 배워가야 하니 당장 문제들을 풀면서 본능이 만들어 놓은 함정에 걸려서 문제들을 틀리는 것이다. 필자도 초등학교 때 틀린 문제들이 지금 생각해 보면, 외워야 할 것들을 못 외운 것이 아니라, 잘 외웠는데 잘못된 논리로 틀렸던 것이다. 그러니 본능에 대한 처리능력을 키워야 할 것이다.

뇌 속 깊은 곳에 자리한 본능은 우리의 삶의 99%를 지배하고 있고, 여전히 석기시대에 머물러 있다고 한다. 그러니 석기시대의 본능이 현대의 학습을 하는 데, 심리적으로 방해되는 것들이 있다. 특히 수학공부를 잘하는 사람들은 점차 본능을 통제할 수 있지만, 잘 못하는 사람은 본능의 지배를 벗어나지 못하게 된다. 예를 들어 석기시대에 인류에게 필요한 것은 생존과 안전이었다. 석기시대는 위험한 짐승들이 있으니 여럿이 같이 다니는 무리짓는 본능이 있었다. 그러나 지금은 여러 사람들이 믿는 권위나 무리에 긍정하면 심리적으로는 안정감을 얻을지는 모르지만, 올바른 판단을 내릴 확률은 그만큼 떨어진다. 그날 사냥해서 그날 먹는 기간이 길었기에 인류는 단기적으로 생각하는 본능이 있다. 그래서 지금도 많은 사람들이 장기적인 계획에는 눈이 잘 가지 않는다. 특히 오랜 기간을 학습해야 하는 수학에서 단기처방에 급급하면, 수학을 잘할 수 없게 된다. 사실 필자도 본능이 학습에 미치는 영향에 대해서 생각하기 시작한 지가 얼마 안 되어서 깊이 생각하지는 못하였다. 효율적으로 하려는 인간의 본능 세 가지만 논해보고자 한다.

첫째, 이분법적 본능

눈앞에 보이는 모든 정보들을 처리하고 살아남으려면, 이분법적으로 생각하는 것이 간편하다. 모든 사물을 적군과 아군, 먹을 것과 못 먹을 것, 아는 것과 모른 것, 움직이는 것과 못 움직이는 것 등으로 분류하는 것이다. 어렸을 적에 '스무고개'라는 놀이가 있었다. 스무 번만 세상의 것을 분류해 보면, 상대방이 생각하고 있는 사물을 거의 찾을 수 있었다. 그러나 전체가 이분법으로 분류되지 않는 것들이 있다. 적군과 아군이 전체가 아니다. 적군도 아군도 아닌 사람이 존재할 수 있다는 점을 간과한다. 수학에서 아이들이 오류를 일으키는 예를 들어 본다. 양수와 음수 사이에도 0이 존재하는데, 학생들이 이분법적 오류에 빠져 양수가 아니면 음수라고 해서 틀린다. 또 7보다 큰 수와 7보다 작은 수로 분류되는 것이 아니라 사이에 7이 존재한다. 이런 오류를 막으려면 전체가 무엇인지를 생각해야 한다.

둘째, 하던 대로 하려는 본능

석기시대에서는 낯선 곳에 간다거나 하는 변화는 모두 생명의 위험을 느껴야 하는 불안한 상황이다. 그래서 새로운 곳을 가야 하는 상황이라면 여럿이 무리를 지으려 한다. 그런데 수학은 지극히 개인적인 학습이 진행되는 상황이라서 본능이 하던 것을 하라고 한다. 하던 것을 하다 보면 고정관념 등 새로운 규칙이나 원칙을 스스로 검증도 없이 만들어 낸다. 예를 들어 학생들보고 이등변 삼각형을 그려보라고 하면, 대부분 예각인 이등변 삼각형을 그린다. 그래서 '이등변삼각형은 예각삼각형이다.'가 맞느냐는 질문에 대부분의 학생들이 '맞다.'라는 틀린 답을 한다. 이런 오류를 막으려면, 정의를 정확하게 문제에 적용하는 훈련을 해야 한다. 정의상, 이등변삼각형의 정의와 예각삼각형의 정의 간에 같은 삼각형이라는 것을 제외하면 어떠한 공통점이 없다.

셋째, 찍기 본능

석기시대에 사자가 공격해 오는 위급한 상황에서 의식적 노력은 더 위험하다. 그래서 그때는 판단을 하지 않고 무의식적으로 남들이 뛰면 같이 뛰어야 생존의 확률이 높아졌다. 그러나 지금의 학습은 빨리 판단하지 않는다고 위험해지지는 않는다. 이제 오히려 정보와 의식을 가지고 비판적 생각을 할 수 있어야 한다. 그럼에도 많은 정보들을 무시하고 무의식적으로 판단하고 싶어 한다. 게다가 예전에는 정보수집 본능까지 있을 정도로 생존에 밀접한 정보가 필요하였지만, 거꾸로 이제는 정보가 감당하기 어려울 정도로 많다. 그래서 오히려 정보를 판단하는 많은 오류들이 만들어졌다.

몇 개의 정보만으로 전체를 판단하는 일반화의 오류, 확실하다고 판단하는 정보를 바탕으로 나머지 것들을 판단하려는 확증편향, 상관관계의 오류 등이다. 찍는 학생은 이런 오류들이 아니라 그냥 느낌이거나 아무런 상관도 없이 찍는다고 할지도 모르겠다. 맞다. 그러나 공부를 하지 않아서 아무 보기나 찍은 사람도 있지만, 공부를 잘하는 친구는 나머지는 다 아는데 일부를 몰라도 찍었다고 한다. 찍는 것도 수준이 있다는 것이다. 아무리 공부를 해도 모두 채워지지는 않으니 나머지 모르는 부분은 생기며, 이것을 논

리적으로 찍으면 직관이라 한다. 그러니 찍기가 오류는 아니나 논

리적 근거를 찾기를 해야 찍기의 수준이 높아질 것이다.

<팁> 인지 부조화

생각은 말이 되고, 말은 행동이 된다고 했다. 생각과 행동이 일치한다는 것인데, 이와 반대로 생각과 행동이 일치하지 않는 것이 인지부조화다. 인지부조화란 어떤 사람이 가지고 있는 생각과 행동이 다르다면 조화롭지 못하여 심리적으로 불편함이 생기고 이를 해소하려는 변화가 일어난다는 것이다.

6 25 전쟁 당시 중국공산당의 미군 포로 세뇌방식이 우리가 생각하는 방식과 전혀 다른 방식이 사용되었다고 한다. 공산당은 포로에게 '공산주의에도 좋은 점은 있다.'라고 메모를 적기만 하면, 사소한 포상으로 담배나 과자를 주었다고 한다. 미군 포로의 입장에서 '공산주의에도 좋은 점은 있다.'라는 메모는 '공산주의는 적'이라는 신조와 반대되어 부조화를 겪게 된다. 이런 부조화가 심리적 압박이 되어, 결국 '공산주의는 적이긴 하지만, 좋은 점도 있다.'고 세뇌되었다. 의식적으로 거짓말을 하면, 정신적으로 육체적으로 고통을 받는다. 그래서 자기 자신을 먼저 속이는 것으로 진화했다.

예를 들어 공부를 잘하고 싶은 마음이 있는데, 실제로 공부를 열심히 해서 성적이나 실력을 변화시키는 것은 어렵다. 인지 부조화가 이루어져 있는 상태인데, 예전에 엄마가 한 말이 있었다. "공부가 중요한 것이 아니라 인간성이 중요한 것이다." 라고 했던 말이 기억난다. 그 당시에는 엄마가 인간성을 강조한 말인 것으로 이해했지만, 이제 어떻게든 인지 부조화를 해소해야 하니 아이는 엄마의 말을 왜곡해서 "공부가 중요하지 않다."고 했다고 한다.

이처럼 사람은 어려움에 처할 때, 생각보다는 행동을 변화시키기가 어렵기 때문에 생각이나 사고를 변화시킨다. 공부가 어려워지면, 왜곡이나 오해가 일어나도록 비교해서는 안 된다.

- "공부가 중요한 것이 아니라 인간성이 중요한 것이다."
  ⇨ "공부도 중요하지만, 인간성도 중요하다."
- "책 읽지 말고 공부해라!"
  ⇨ "급한 것 먼저 하고 책 읽었으면 좋겠다."
- "암기하지 말고 이해하라!" ⇨ "이해했으면 암기하라."

- “틀리면서 빠르면 뭐하냐?” ⇨ “빠르고 정확해야 한단다.”
- “그렇게 해서 100점 받겠다.” ⇨ “100점 받을 실력을 길러야 한단다.”

3-4. 새롭거나 어려운 것은 한꺼번에 많은 것을 공부하지 마라.

어느 분야의 공부도 마찬가지겠지만, 수학을 공부하다 보면 주로 다음의 것들과 마주한다. '알고 있고 연습이 필요하지 않은 것들', '알지만 연습이 필요한 절차적 기술', '구개념이 조금 조합된 것', '구개념이 많이 조합된 것', '신개념', '구개념과 신개념들이 조합된 것' 등이다. 이 중에 공부의 대상은 '알지만 연습이 필요한 절차적 기술', '구개념이 많이 조합된 것', '신개념', '구개념과 신개념들이 조합된 것' 등 4가지이다. '알고 있고 연습이 필요하지 않은 것들'과 '구개념이 조금 조합된 것'은 쉬워서 시간의 낭비이거나 쉬운 문제에 길들여지게 한다.

공부의 대상인 4가지 중에 '알지만 연습이 필요한 절차적 기술'은 주로 연산에 해당해서 별도로 공부해야 하고, '구개념과 신개념들이 조합된 것'은 대상이기는 하나 모르는 신개념 때문에 풀리지 않는다. 그렇다면 연산을 별도로 연습한다고 했을 때, 공부의 대상은 '신개념'과 '구개념이 많이 조합된 것'이다. 신개념은 처음 보는 것이고, '구개념이 많이 조합된 것'은 어려운 심화 문제이다. 그렇다면 처음 보는 문제나 어려운 문제만이 공부라는 관점으로, 수학 문제집을 보자! 연산문제를 배제하고 읽어봐서 답이 나오는 쉬운 문제들을 삭제한다면, 한 문제집에서 풀어야 할 문제들은 많아야 20~30%이다. 이 중에서도 30분 이상 고민해야 할 문제는 더더욱 많지 않으며, 그 문제가 중요 관심대상이어야 한다.

많은 사람들은 문제집을 선정할 때, 아이가 풀어서 80% 정도를 맞힐 수 있는 문제집을 선정하라고 한다. 이렇게 선정해야 한다는 사람들이 말하는 근거를 추정해 본다. '첫째, 쉬우니까 많은 문제집들을 풀 수 있고 연습이 많이 된다. 둘째, 쉬운 문제를 풀면서 자신감을 쌓을 수 있다. 셋째, 성취감을 가지고 스몰스텝의 다음 단계로 성장할 수 있다.'라고 주장할 것이다. 반박해 본다.

첫째, 80%를 풀 수 있다는 말은 쉬운 문제집이라는 말이다. 이 문제들을 모두 풀라고 했을 경우, 아이는 쉬운 문제들에 길들여진다. 한 번 길들여지면 상승하려는 마음은 온데간데 없이 사라지기에, 처음부터 출발선을 높이라고 한 것이다. 쉬운 문제를 많이 푸는 것은 의도와 다르게 독이 될 수 있다.

둘째, 많은 문제집들의 수많은 문제들을 풀면서 시간을 소진했다. 학부모들은 80%의 쉬운 문제집에서, 80%보다는 나머지 20%가 중요하다는 것을 안다. 그런데 정작 20%의 문제에 필요한 시간이나 심적 여유는 없어져 간다. 어려운 문제를 침착하게 풀어낼 수 있는 것은 고수이다. 우리는 타고난 고수를 키우는 것이 아니라 고수로 만들려는 것임을 잊지 말아야 한다.

셋째, 쉬운 문제들을 풀어서 자신감과 성취감을 얻고 조금씩 발전해가는 길은 아예 존재하지 않는다고 했다. 만약 있었다면 대한민국의 웬만한 학생들은 대부분 공부를 잘했을 것이다. 개혁은 혁명보다도 어렵다고 했다. 스몰스텝의 길이 설사 있다 해도 10년 내에 끝나는 길이 아니라, 아마 평생을 가도 최고의 자리에는 도달하지 못할 길이다. 오랫동안 지속하다가 스스로 만족하는 자리가 생길 가능성이 높기 때문이다.

필자가 새롭거나 어려운 문제는 개념으로만 접근이 가능하니 개념을 공부해야 하며 새롭거나 어려운 문제를 처음 풀 때는 시간이 절대적으로 필요하니 하루에 1~2문제만 풀라고 했다. 이것이 너무 쉽다면 하루에 새롭게 알게 된 것 1개만 얻었다면 그만해도 좋다고 했다. 그래도 그것만을 풀어서 어떻게 공부를 잘하냐며 반신반의한다. 어려운 문제에 대한 비약을 하루에 한 번만 하면 되지 더 하는 것이 꼭 좋을 일은 아니다. 게다가 수학에서 1년에 새로이 배우는 개념은 고1까지 아무리 많아도 5개가 되지 않는다. 어려운 문제에 도전하고 하루에 한 개의 깨달음을 얻는다면, 더 이상 바랄 나위 없이 좋은 것이다. 그래도 미심쩍을까 봐 한 가지만 더 얘기한다.

집에 자기계발서나 명언집 등이 있을 것이다. 읽다 보면 삶을 관통하는 듯한 정말 마음에 드는 명언들을 만나게 될 때가 있다. 책을 읽다가 이런 명언을 만나면 여러분은 어떻게 하겠는가?

필자가 많은 사람들에게 이런 경우 어떻게 하겠냐는 질문을 했다. "그 명언에 밑줄을 긋거나 색칠을 해요.", "별도로 메모를 해요.", "적어서 벽에 붙여놓고 여러 번 볼 거 같아요.", "잠시 명언에 대해서 깊이 숙고해 봐요.", "친한 친구에게 전화를 걸어서 수다를 떨어요." 등 다양한 의견들이 있었다. 일일이 적은 이유는 우리가 수학에서 새로운 개념을 만나면 이렇게 공부라는 것이 좋다는 것을 말하고자 함이다. 수학에서 개념은 진리이니 이렇게 충분한 시간을 들이는 것이 맞다. 그렇게 하지 않는다니 잘못된 교육이라고 하는 것이다.

그런데 정작 필자가 묻고자 하는 것은 그 다음 질문이다. 책을 읽다가 마음에 드는 명언을 만나서 적어놓고 음미하고 하는 것을 했다고 치자. 지금 책을 읽던 중이었는데, '책의 나머지 부분을 계속 읽어 나갈 것인가? 아니면 그만 책을 덮고 한 번이라도 더 그 명언에 대해서 생각을 할 것인가?'이다. 사람은 정보수집 본능이 있다. 좋은 명언이 나오면, 이를 음미하고는 이 책에 이처럼 좋은 명언이 또 있을 것이라는 생각에 더 읽고 싶은 생각이 든다. 만약 본능대로 그 명언집을 모두 읽었다면, 아까 음미했던 명언조차 사라질 위기에 처하게 된다. 아무리 좋은 것이라 할지라도 분류되지 않은 지식들은 머릿속에서 쓰레기 취급을 한다. 그러니 만약 책을 읽다가 좋은 명언을 보게 되면, 그날은 책 읽기를 그만두고 그 명언에 대해서만 생각하고 그것을 보전할 궁리를 하는 것이 맞다고 본다.

이런 관점에서 아이가 수학문제집을 풀다가 새로운 개념을 깨닫게 되었다고 하자. 여러분은 아이에게 수학문제를 그만 풀고, 그 개념에 대해서 생각하도록 시간을 주고 독려하겠는가?

<팁> 한우도 각 부위의 맛이 다르듯이, 수학도 각 영역의 성격이 다르다.

한 아이가 매일 피아노 학원에 와서 최근 배우던 곡을 2시간 정도 치고 간다고 해보자. 이런 식으로 꾸준히 몇 년을 치면 피아노를 잘 칠 것이다. 정말 그럴까? 그렇다면 훌륭한 선생님은 '인내심'을 가지고 끝까지 아이의 실력이 자랄 때까지 기다리는 사람일 것이다. 그러나 필자의 생각은 다르다. 2시간 동안 전곡을 몇 번을 치는 대신에, 어려워하는 대목만을 골라 '완벽하게 5번을 쳐야만 집에 가기'처럼 선택과 집중을 하는 것이 훨씬 효과적이라고 생각한다. 이것을 위해서는 피아노 선생님은 기다림보다는 정보주기와 안되면 변형정보, 더 나은 실력을 요구 등을 하는 것이 맞다고 본다. 그렇다면 수학에서는 학생이나 선생님에게 어떤 능력이 필요할까?

수학을 잘하려면 연산과 개념과 같은 기본을 길러가면서 비약을 꿈꿔서, 학습 성장의 곡선이 마치 계단과 같은 모양을 그려야 한다고 했다. 그렇다면 학생은 연산은 빠르게 자동화시켜야 하고, 개념은 철저히 이해하고 한줄개념을 외워야 한다. 그 다음 학생의 머리에서 개념들을 하나하나 꺼내어 어려운 문제를 이겨내는 집요함을 점차 갖추어 가야 한다. 선생님도 아이가 가지고 있는 역량을 상황마다 꺼내도록 유도해야 하니 카멜레온처럼 변해야 한다.

'연산은 빠르게, 개념은 깊게, 어려운 문제는 집요하게' 해야 하니 각각의 방향과 성격이 다르다. 한 문제집에서 이런 것들을 동시에 기를 수 없으니 각각 따로 연습해야 한다. 그러니 학생이 연산을 하고 있으면, 조급한 사람처럼 "더 빨리!"를 외쳐야 한다. 개념을 공부할 때는 확실하게 이해했는지 흔들어보고 일부러 틀리게 얘기해서 틀린 부분을 찾을 수 있는지 긴장을 시킨다. 문제를 못 풀면 개념을 외우고 있는지 확인하고 왜 사용하지 않았는지 추궁하고 다시 풀린다. 때로는 어려운 문제에서 사용되는 많은 개념들을 하나하나 찾을 때까지 기다려주기도, 때론 그 문제가 비약의 순간임을 자각하도록 독려한다. 그야말로 시시각각 아이의 상황에서 아이의 능력을 꺼낼 수 있도록 해주어야 한다.

'평범한 노력은 노력이 아니다.'란 말이 있다. 그러니 선생님이 갖추어야 할 능력은 기본을 기르기까지의 인내심도 필요하지만, 오히려 개념이 나오도록 추궁하고 매 순간 아이의 실력을 비약시키려는 조바심을 가장 많이 사용해야 하는 듯싶다.

3-5. 인쇄된 것은 무조건 맞는다는 착각을 버려라.

필자의 초등 저학년 시절, 교과서에 나이팅게일에 대한 이야기가 나왔다. 간단하게 요약하면, 환자들에게 환하게 웃음을 주는 나이팅게일이 '백의의 천사'로 불리게 되었다는 내용이었다. 궁금했다. "어떤 웃음을 주었기에 환자들에게 천사소리를 듣게 되었을까? 혹시 많이 이쁜가? 우리 동네 병원의 간호사도 환하게 웃어준다면 천사라고 불리고 그 이름이 전 세계에 퍼지는 일이 가능할까? 간호사가 환자들에게 환하게 웃어주는 것은 당연한 일이 아닌가? 당연한 일을 했다고 유명해지나?" 등 의문은 끝을 모르고 생겨났다. 그런데 주위의 사람들에게 물어봐도 아무도 관심을 두지 않았고, 몇몇 여자아이들은 이것을 보고 간호사가 되겠다는 꿈까지 꾸었다. 먼 훗날 전후사정을 알게 된 후에야 비로소 그 의문이 풀렸다. 1854년 연합군과 러시아와의 크림전쟁 당시 야전병원은 불결했고, 부상당한 병사의 많은 사망원인이 세균에 의한 감염이라는 것을 몰랐다. 나이팅게일이 통계를 작성하여 사람들을 설득하여 병실을 깨끗하고 위생적으로 바꾸었다. 42%에 달하던 사망자가 2%대까지 떨어졌으니 '백의의 천사'라는 말을 듣기에 충분했다.

이제 필자는 그 당시의 교과서가 왜 나이팅게일이 '백의의 천사'라는 말을 들을 수 있었던 이유를 설명하지 않았는지, 또 사람들이 덮어놓고 믿었던 이유가 무엇이었는지 궁금하다. 아마도 교과서라는 권위 때문이었다고 생각된다. 교과서뿐만 아니라 단지 인쇄되었다는 이유만으로 맞는다고 생각하는 사람들이 많다. 권위를 무시하라는 말이 아니라 합당한 근거를 찾기까지 판단을 유보하라는 것이다. 필자가 볼 때, 초중등 수학교과서에 오류가 많이 보인다. 그리고 교과서에 나오는 위인들의 어린 시절 이야기는 왜곡되어 있는 경우가 많다. 다양하게 해석될 수 있는 어린 시절의 행동들이 마치 '위인의 자질'처럼 설명된다. 아니면 보통사람은 노력해도 범접할 수 없는 천상의 세계에 있는 사람처럼 묘사된다.

세상은 진리가 아니라 믿음으로 돌아간다고 한다. 진리는 도달하기 힘들고 현실이 진리와는 다르게 움직일 때, 우리는 인지부조화의 현상을 극복하기 위해서 오히려 현실이 진리는 아니지만 그래도 타당하다고 생각하게 된다. "교과서를 만든 사람이 어련히 고민해서 만들지 않았겠어?"처럼 부조화를 해소하는 것이다. 이처럼 진리와 관계없이 남들이 믿는 대로 따라서 믿는다면 좀 더 갈등하지 않고 행복할 수 있다. 올바른 수학교육의 방법을 찾고 실행하기가 어려우니, 남들이 하는 대로 교과서를 충실히 하고 남들처럼 학원에 보내며 편해지고 싶을지도 모른다. 그러나 수학은 이런 생각에 정면으로 배치되는 학문이다. 왜냐하면 수학의 개념은 진리이고 설사 진리가 아니더라도 객관적인 진리가 존재한다고 믿는 학문이다. 따라서 현실과 타협하고 대충 한다면, 진리를 바탕으로 논리를 전개해가는 수학이라는 학문에서 얻어야 하는 것들은 사라진다. 그러면 아이에게 수학을 가르치는 의미가 없다. 수학을 가르치지 않았으니 수학을 못하게 되는 것은 당연하다. 그러니 수학만을 위해서라도 현실과 타협하지 말고 어떻게든 진리에 도달해야 한다는 말이다. 권위나 고정관념 등에 현혹되지 않고 혼자서 진리에 도달하는 그중 유용한 방법은 계속 질문하여 더 이상 대답할 수 없을 때까지 끝까지 질문하는 것이다.

교과서나 교사의 권위를 논리적으로 깰 수 있다는 것이 문화가 되어야 비판력이 자란다.

어느 대학교수님의 학습법 강의를 여러 개 들은 적이 있다. 암기력, 집중력, 지속력, 자격증 쉽게 따는 법 등 유용한 말씀을 하셨다. 그런데 어디에도 외워야 하는 대상의 옳고 그름에 대한 이야기가 없다. 주어진 것이 진리인 양 외우라는 것이다. 옳다고 믿고 외우면, 갈등이나 지체 없이 더 빨리 성적이 오르며 자격증을 빨리 딸 수 있을 것이다. 그러나 그로 인해 얻는 것은 '비판적 사고의 결여'다. 진리의 전당인 대학의 교수님이 고등학생들에게 가르치듯이 암기법 등을 가르친단 말인가? 세상은 다양한 사람들이 존재하고 교수님이 가르치는 것을 필요로 하는 사람들도 있을 것이다. 그러나 교수님은 미래의 인재가 나아가야 할 길을 제시하는 것을 했으면 하는 바람이 들었다.

지금까지는 그 교수님의 말씀처럼 하는 것이 맞았었다. 우리는 산업화, 민주화를 압축하여 성장하면서 서구의 문화와 문물을 무비판적으로 받아들였다. 생각은 서구의 사람들이 하고 우리는 그것을 많이 외우기만 하면 되었다. 지식수입국가인 대한민국은 교육에 있어서도 한 번도 스스로 만들어 쓰거나 연구발전하지 않았고 항상 남의 나라에서 베껴왔다. 많이 외워서 사용하여 개인은 훌륭한 사람이 되었고, 국가는 중진국을 넘어서 선진국의 문턱에 있다. 혹자는 GNP를 언급하며 이미 선진국이라고 하는 사람도 있다. 선진국은 돈이 아니라 새로운 것을 만들어 낼 능력이 있느냐에 달려있다. 새로운 것을 만들어 내려면, 교과서나 상식처럼 느껴지는 기존의 권위를 깨는 비판적인 사고로부터 출발한다. 우리나라는 선생님이 나만 믿으라고 하고, 독일의 학교수업 첫 시간은 선생님이 자신이 가르치는 것이 모두 옳다고 믿지 말라는 교육으로 시작한다고 한다.

비판력을 기르지 않으면 선진국이 되지 못한다.

산업화 과정에서 많은 부패가 있었는데, 지금의 우리 사회는 이제 지식층의 도덕적 해이가 큰 문제이다. 지식층 오피니언 리더들의 이야기를 들으면 '이것은 누구의 말이다.', '저것은 누구의 말이다'라고 인용한다. 그리고 그 다음부터 하는 말들에는 남의 말을 인용하지 않았다고 하자. 의도하였든 의도하지 않았든지, 청자는 인용하지 않은 모든 말들은 강사 자신이 연구하거나 깨우쳐서 하는 말인 줄로 착각하게 된다. 그런데 우리는 지식 수입국가라서 학자들이 스스로 만든 것들이 거의 없다. 그러니 지금까지 얘기한 모든 것들은 제 것이 하나도 없고, 모두 남의 말들이라고 얘기하기에는 자존심이 상한다. 이처럼 남의 지식으로 권위를 포장하는 것이 도덕적 해이의 시작이다. 처음에는 부끄러웠다가 수십 년이 지나니 점차 당연해졌다. 이런 비애는 외국으로부터 지식을 수입하는 데만 열을 올렸지, 자기 자신이 만들어 낸 것이 하나도 없었기 때문에 발생하는 것이다.

달리 생각해 보자! 무언가를 하나 스스로 만들었다고 보자. 그렇다면 자신이 만든 것에 대한 자부심과 보호를 위해, "이것만 제가 만든 것이고 나머지는 모두 남이 만든 것이거나 도움을 받은 것

입니다."라고 겸손하고 정직하게 말할 수 있을 것이다. 이제 비판력을 갖추어서 새롭게 만드는 것을 소중히 여기는 문화를 만들어야 한다. 그러기 위해서는 교육이 가장 먼저 바뀌어야 한다. 그러려면 기존의 것들이 갖는 제도나 문화 등의 장점만을 읊을 것이 아니라 부족한 점, 불편한 점, 나아가야 할 점 등을 생각하는 비판력을 갖추어야 한다. 변화하지 않으면 불만이 생기고 건설적인 불만이나 비판은 새로운 것을 만드는 원동력이 된다.

비판력을 기르지 않으면 최고의 지식인이 될 수 없다.

이제 대한민국은 선진국의 문턱에 와 있어서 남들이 만들어 놓은 기존 지식만을 습득해서는 뛰어난 인재가 되기 어렵다. 부정적 시각과 비판적인 시각은 다르다. 기존 지식을 습득하면서 무조건 권위에 수긍하는 대신에 왜 그런지를 계속 묻고 비판적 시각을 가져야 한다. 그러면 수학의 논리적인 측면과 비판력이 같이 자라서 새로운 무언가를 창조하는 세계적인 인물이 될 것이다.

<팁> 세계 최고의 교육은 도제교육

인류의 역사상 가장 많은 천재가 탄생한 시기가 있었는데, 그것은 15세기(1440~1490년) 이탈리아 북부의 조그만 도시 피렌체였다. 이 시기에 미켈란젤로, 레오나르도 다빈치, 라파엘로, 단테, 보티첼리, 벨리니 등 무수히 많은 천재들을 탄생시켰다. 그것은 길드라는 도제 시스템이 있었기에 가능했다.

일곱 살 가량의 아이들이 5~10년간 스승님과 함께 공부하였다. 도제 시스템에 들어가면 오랜 기간 훈련했을 뿐만 아니라 훌륭한 작품을 보고 모방하고 동료들과의 경쟁으로 끊임없이 노력하였기에 수준 높은 예술의 경지에 이르게 된다. 미켈란젤로의 경우 6살부터 시작하여 유명한 작품 <피에타>를 만들어내는 24살까지 거의 무명이었다. 사람들이 <피에타>를 보고 감탄하자, "내가 거장의 경지에 이르기까지 얼마나 노력했는가를 안다면, <피에타>를 별로 대단하게 여기지 않을 것이다."라고 미켈란젤로는 말했다. 그는 달걀과 같이 하찮을 수도 있는 것을 몇백 몇천 번을 그렸다고 한다. 단적인 예지만, 이것이

그의 열정과 완성에 이르려는 집요함을 보여준다고 본다.
우리도 예전에 도제교육과 유사한 프로그램들이 있었다. 지금은 거의 사라졌지만, 만화가들, 소설가 지망생들, 판소리 명인 문하생들 등이었던 같다. 대개 전수하기가 어려운 것들이다. 보통 도제 안에서 기본을 튼튼히 하는 긴 기간이 존재하였고, 실력을 높이려는 치열한 노력으로 큰 결실들을 보았지만 이제는 여러 가지 이유로 거의 없어졌다. 피렌체의 천재들과 우리나라의 전수자들을 볼 때, 창조성도 노력이 기반이다. 처음부터 천재였는지는 알 수 없어도 기본을 기르는 긴 시간과 치열한 노력이 천재라는 비약을 만들어 낸다고 본다.

도제 시스템이 세계적인 인재로 만들기 좋다지만, 오늘날 현실에서는 존재하지도 않고, 있다고 해도 자식의 행복을 빼앗는 시스템 같아서 선뜻 보내고 싶지는 않다. 그럼에도 불구하고 도제 시스템을 언급하는 것은 아이들에게 비약이 반드시 필요하기 때문이다.

우리나라 수학교육은 고1까지의 10년간 국민 공통 기본교육과정을 가르치고, 고2부터는 선택중심으로 바뀐다. 초중등과정을 거치기까지 9년 안에 반드시 한 번의 비약이 있어야 한다. 그래야 고1의 고등수학을 이겨내고 다시 고등과정 내에서 한 번의 비약이 있어야 수능에서 고득점을 기대한다. 그런데 힘들이지 않고 수월하게 문제를 푸는 것이 좋은 줄로 아는 학부모도 많다. 그것은 비약을 일으킬 수 없는 스몰스텝의 교육이기에, 장기적으로 노력만 하다가 마는 정말 형편없는 학습방식이 될 것이다.

수학을 공부
하고 있다는
착각

4부

올바른 교육을 하고 있다는 착각

4-1. 완전학습에 대한 착각
4-2. 교과서를 만든 구성주의자들의 착각

4부
올바른 교육을 하고 있다는 착각

조지 버나드쇼는 '삶은 자신을 발견하는 과정이 아니라 자신을 창조하는 과정'이라고 했다. 그런데 삶과 교육이 어찌 분리되어 있겠는가? 결국 교육도 자신을 발견해가는 과정이 아니라 자신을 창조해가는 과정이 아닐까 한다.

4-1. 완전학습에 대한 착각

교과서는 인류가 이룩한 것들 중에서 다음 세대가 알아야 할 것들을 전문가들이 뽑아서 만드는 것이니 좋은 교재일 가능성이 높다. 그런데 문제는 이 교과서에서 시험을 출제한다고 하면 얘기는 달라진다. 그렇지 않아도 교과서의 권위에다가 시험에 목숨을 거는 많은 학부모는 교과서를 달달 외우게 시키고 싶을 것이다. 그래도 시간이 있는 학부모는 아이와 교과서를 옆에 끼고 가르칠 것이고, 그렇지 않다면 학원이나 과외를 시켜서 교과서의 내용을 달달 외우게 시키고 싶어 할 것이다.

어렸을 적, 필자의 엄마가 필자에게 "책읽지 말고, 공부해라!" 라고 말씀하시더니, 곧 마음을 바꿔서 "읽어라, 읽어. 시험에 뭐가 나올지 아냐."라고 말씀하셨다.

필자의 엄마 마음이 바로 많은 학부모들의 마음일 것이다. 이 마음을 뒷받침하는 단기적인 학습실험의 결과가 있다. 동일 내용을 가지고 4번을 가르치는 것보다 한 번을 가르치고 3번을 시험을 치는 것이 성적 면에서 높은 결과를 가져왔다고 한다. 지식을 단편화하고는 있지만, 밀도를 높이는 장점을 갖는다. 단편화는 지식을 조직화하는 데는 치명적이지만, 바로 외우고 보는 시험에서는 강하다. 당장 학교시험에서 좋은 성적을 받기 위한 방편으로는 좋아 보인다. 그러니 학원에서도 교과서에 있는 것을 가르치지만 결국은 문제들을 여러 번 풀리는 방향으로 나간다. 이런 단기적 성적향상이 사교육 광풍의 땔감이고 동기부여가 된 것으로 보인다. 초중등에서 학부모는 학원에 보냈다가 성적이 나쁘면 바로바로 학원을 바꾼다. 학부모의 이런 성향이 학원에서도 장기적인 전략을 세울 수 없게 만드는 것이다.

위 실험은 단기적인 성과에 대한 실험이다. 시험에 나올 만한 문제들을 풀어보는 것이 성적이라는 측면으로는 좋다. 그러나 장기기억의 측면으로 볼 때, 단편적인 지식들은 곧 잊히게 된다. 실험이 장기기억에 미치는 영향을 검사하는 것이 아니라 단편적인 지식을 바로 외웠다가 성적이라는 산출물을 뽑는 데에 혈안이 된 것이다. 지식을 조직화하는 가르침을 여러 번 하고 다시 그것을 바탕으로 지식을 확장하는 것이 좋은 교육이다.

학습전문가들이 완전학습을 주장하다.

단기적으로는 문제집을 풀려서 어렸을 적에 성적을 잘 받았지만, 장기적으로 옛날에 배운 것은 기억을 못 하니 이것이 누적되어 해야 할 공부양은 많아지고 점차 어려워진다. 단기적인 공부에 치우쳐서 생각하는 힘도 키우지 못했으니 아이는 점차 지치고 힘이 든다. 아이들은 힘이 들고 어려우면, 안 하고 해찰하면서도 어려워서 그런 것은 아니라고 말한다. 그래서 부모들은 사태를 올바르게 평가하지 못하고 정신이 해이해서 그렇다는 등 모든 책임을 아이에게 돌린다.

이때 학교선생님들이나 학습이론전문가들이 교과서는 무척 좋은 교재이고 아이가 교과서를 완전하게 해야 하는데, 학원에 가서 문제만 풀어서 그렇다고 하니 그 말이 정답처럼 보인다.

완전한 교재를 완전하게 외운다면 가장 좋을 것만 같은 생각이 착각을 만들었다. 대체로 교과서는 좋은 교재이지만, 어떤 교재도 완전학습의 교재가 될 수는 없다. 세상의 그 많은 지식을 어찌 200쪽 안팎에 담을 수가 있겠는가? 200쪽 안팎의 교재를 달달달 외우게 하면 완전학습을 할 수 있다는 발상이 잘못되었다. 교과서를 외우고 이 범위 내에서 시험을 출제하라며, 교과서의 범위에서만 시험을 보게 하는 것을 교육부가 강제로 시행하고 있다. 만약 선생님이 교과서 밖에서 시험을 출제하면 제재가 들어온다. 어떤 선생님도 교과서 밖에서 시험문제를 출제할 생각을 못 한다. 그러니 교과서에 나와 있는 내용만으로 시험을 출제하라고 하는 순간, 대한민국의 교육은 망했다. 그 이유를 하나하나 설명해 본다.

첫째, 교과서에서 시험을 내니, 많은 부모는 이것을 외우게 시키려고 학원을 보낸다. 성적 위주의 사교육 광풍의 진원지다.

둘째, 교과서에서 시험을 내니, 이제 책을 읽는 것은 공부가 아니다. 책을 읽으라는 공교육의 말은 모두 빈말이고 책을 안 읽는 국민이 되어갔다. 책을 읽지 않게 하는 교육은 해악이다.

셋째, 선생님의 교과서 밖의 얘기는 모두 쓸데없는 이야기가 되었다. 선생님이 얘기한 것을 시험에 내야 선생님의 권위가 산다. 선생님이 가르치는 것과 상관없이 교과서에서 시험이 나온다면, 그것만 가르치는 사교육 강사가 유리하다.

넷째, 교과서에서 시험을 내니, 사고의 범위가 제한된다. 교육에서 한계를 긋는 것은 교육을 포기하는 것이다. 앞서 학원의 상중하 교육도 한계를 긋는 것이라고 필자가 반대했었다. 일상에서의 대화는 물론이고, 아이들끼리의 토론에서도 시험에 안 나올 이야기는 서로 간에 하지 말라고 한다. 외국교육을 받은 아이가 한국에 와서 교과서를 벗어나는 말을 아예 못하게 하니, 이 부분을 가장 답답해했다. 특히 훌륭한 아이들일수록 더 나은 훌륭한 아이로 성장하는 것을 차단하는 결과를 가져올 것이다.

다섯째, 교과서의 내용이 정답이라고 생각하고 빨리 외우는 사람이 유리하니, 아이들의 비판력은 사라진다. 비판력이 사라지면, 선진국은 요원하다.

완전학습이 아니라 과잉학습이 답이다.

교과서를 완전하게 만들고 이것을 외우고 평가하여 아이들의 완전학습을 도와주려는 생각과 목표는 언뜻 보기에는 좋아 보이기까지 하지만, 대한민국의 교육을 파행으로 밀어 넣었다. 완전학습에 대한 대안으로 필자는 과잉학습을 제안한다. 교과서에 제시한 목표를 넘어서 다양하게 확장하는 것을 목표로 하는 교육이다.

예를 들어 '화산'에 대해서 배워야 한다고 해 보자!

당연히 가장 먼저 교과서에 나와 있는 기초지식으로써 화산을 공부한다. 그럼으로써 교과서나 선생님으로부터 화산에 대한 분류체계들을 배운다. 그러고 나서 인터넷으로 조사를 시키거나 학생들을 데리고 도서관에 가서 화산에 관한 조사를 하도록 자유롭게 풀어 놓는다. 이 과정에서 아이는 책을 읽는 것이 곧 공부임을 깨닫는다. 당연히 평가는 각 과정에서 보이는 학생들의 태도는 물론이고 교과서뿐만 아니라 여러 가지 활동 중에 배우고 다루었던 내용이 모두 시험의 범위에 들게 한다. 출제자로서 선생님의 권위도 살고, 아이들은 책을 읽게 된다. 그리고 시험문제가 모두 교육과정 중에 있으니, 아이보고 학원을 가라해도 가지 않을 것이다.

첫째, 공부하고 시험을 보고 잊어버리는 것이 완전학습이라면, 과잉학습은 시험이 끝난 후에도 기억이 난다. 심지어는 평생 기억나는 것이 있다.

둘째, 교과서에 나와 있는 것뿐만 아니라 아이가 과잉으로 공부하게 된다. 많이 알수록 궁금함은 늘어난다. 그래서 아이들이 책도 필요로 하는 것 이상 과잉으로 읽을 가능성이 있다.

셋째, 대신에 고등학교의 학습은 분량을 한없이 늘일 수는 없다. 대학입시를 위해서 잠시 교과서 내용을 완전하게 공부해 보자. 단 이때도 교과서의 내용을 완전을 벗어나서 시험이 끝나도 잊지 않을 만큼 과잉으로 하는 것이 좋다.

<팁> 수학교육을 하고 있다는 착각

수학교육의 정의에 따라 작은 수 연산의 도구화, 한줄개념의 도구화, 연역법, 학생의 변화유도, 집요하게 그리고 논리적인 비약을 동시에 하려고 해야만 올바른 수학교육이 이루어진다고 했다. 이것이 아닌 것은 수학교육이 아니다. 대표적으로 수학공부라고 오해하는 것을 짚어본다.

첫째, 큰 수의 연산을 시키면서 수학을 공부하고 있단 착각을 한다. 큰 수의 연산이 어렵다면 역시 작은 수 연산의 도구화가 된 것이 아니니, 작은 수의 연산을 더 완벽하게 연습해야 한다.

둘째, 관찰, 측정, 탐구는 과학이고, 정의, 정리, 증명이 수학이다. 당연한 말이지만, 수학의 특성대로 수학을 공부해야 수학을 잘한다.

셋째, 정의에 어긋나게 알려주면, 실력이 늘지 않고 오개념만 생긴다. 잘못된 정의는 믿고 의지할 개념이 없어서 아이로 하여금 생각을 멈추게 한다.

넷째, 개념을 한 줄로 주지 않는다면, 사용할 수 없도록 알려준 것이다. 개념을 열심히 장황하게 오랫동안 설명하는 것이 중요한 것이 아니라 도구가 되도록 설명해야 한다.

다섯째, 문제는 아이가 풀어야 한다. 선생님은 아이가 물어본 문제의 개념을 체크만 하고 도로 아이가 풀게 해야 한다. 선생님이 문제를 풀면 아이의 변화기회를 뺏은 것이고 대신 선생님의 실력이 변한다.

여섯째, 아이가 쉽도록 문제를 풀어준다. 어쩔 수 없이 풀어준다 해도 문제에서 개념에 이르는 방법에 집중해야 한다. 아이에게 맞추어서 아이가 쉽도록 풀어주면, 아이가 변한 것은 없다. 아이의 변화가 없다면 항상 교육이 아니다.

일곱째, 아이가 어느 수준이든지 한계를 정하는 순간 수학을 하는 것이 아니다. 평범한 문제풀이의 연속은 최악이다. 남들에게 어려운 문제가 그 아이에게 평이하다면, 그 역시 발전하지 않아서 수학을 공부하는 것이 아니다. 그래서 생각하는 것이 아니면 수학이 아니라고 하는 것이다.

4-2. 교과서를 만든 구성주의자들의 착각

필자가 수십 년째, 교과서의 변천과정을 보면서 점점 더 나빠진다는 생각을 갖고 있으며, 실제 현장에서도 학생들의 실력이 나빠지고 있다는 것을 피부로 느끼고 있다. 수학교과서는 배워야 할 것들을 계속 빼고 쉬워지고 있는데, 정작 쉬워졌다는 학생은 찾아보기 어렵다. 학생들의 실력은 그보다 더 내려가서 여전히 수학이 어렵기 때문이다. 세계는 수학과 과학의 시대라며 더 강화, 중시하는 추세인데, 쉬운 수학을 표방하며 우리나라는 거꾸로 가고 있어서 안타깝기 그지없다.

교과서가 점점 나빠지고 있는 중심에는 '구성주의'가 자리하고 있다. 국가가 하는 일이니 무조건 옳다거나 학생들의 실력이 나빠진다 해도 모두 다 같이 나빠지니 상관없다는 사람이 아니라면, 우리나라의 수학교육에 대해 진지하게 생각해 봐야 하지 않을까 한다. 구성주의가 초중고에 모두 영향을 끼쳐서 대부분 실력이 떨어졌지만, 그 중에서 가장 심각한 것은 초등학교이다. 초등학생들이 수학교과서를 모두 학교에 두고 다녀서 학부모들이 볼 기회도 많지 않지만, 기회가 되면 살펴보기 바란다. 그 책으로 자녀를 가르친다고 생각할 때, 내용이 거의 없어서 암담하다는 생각이 들 정도이다. 제시된 몇 개 안 되는 문제의 수준이 중하위권용이며 그나마 교과서가 단독으로 사용되는 것이 아니라 교사의 말이 더해져야 완성되는 것이라서 아무것도 없는 껍데기처럼 느껴진다.

교과서의 목표가 문제해결, 추론, 창의·융합, 의사소통 등을 기르려고 하였고 개인별 수준차를 고려하려고 하였다는 사실을 안다면, 이것으로 어떻게 그런 목표를 달성할 수 있다고 생각하는지 알 수 없다. 생각해야 하는 문제가 거의 없이 하향 평준화 되어있는 현 교과서를 어떻게 이해해야 하는지 난감하기만 하다. 이 상태로라면 단원평가에서 계속 100점을 계속 받으며 자신감 있게 초등생활을 하다가 중학교에 가서 추락하는 것을 막을 수 없다. 그래서 초등학교에서 잘한다거나 아니면 문제가 없다고 생각한 학부모들이 중학교에서 날벼락을 맞는 비율이 심각하다. 그런데 이런 심각한 상황이 중1에서는 진로 탐색 기간으로 시험을 보지 않으니 알 수 없다가 중2 학교시험에서 추락을 경험한다. 회복할 시간도 없이 수포자의 대열에 합류할 것이다. 시험이 어려워서가 아니라 쉬운 분수 연산이나 방정식도 못하기 때문이라는데 심각성이 있다.

예전에는 중1이나 중2에서는 수학을 포기하지 않다가 중3에서 탈락하였으나 이제 실력이 중3까지도 못가는 상황이다. 원래 잘못된 것을 바로 잡으려면 바닥까지 치고 내려가야 비로소 반성을 하게 된다. 중2에서 수포자가 많이 나와서 실력저하를 인식하고 구성주의가 부작용을 인식하는 시간이 올 줄 알았다. 그러나 추락한 학생들의 실력이 전부 코로나 때문인 것처럼 덮여버렸다.

7차 교육과정은 교육자들에게는 널리 알려져 있듯이 구성주의를 근간으로 한다. 구성주의는 한 마디로 수학지식을 자신의 언어로 구성해야 한다는 학습원리이고 철학이다. 조금 더 부연 설명해 본다. 세상이 변해가니 절대적이고 객관적인 지식이라는 것은 존재할 수 없고, 같은 지식이라도 학생이 받아들이기 나름이다. 따라서 개인의 경험을 기초로 하여 주관적인 지식을 쌓아나가야 한다는 것이다. 인터넷 검색만 하면 무수히 많이 쏟아져 나오는 그동안의 죽은 지식을 머리에 넣는 것이 중요한 것이 아니라, '교육하기 좋은 소재'를 바탕으로 토론하며 소위 꺼내는 교육이 중요하다는 것이다. 대부분의 수학교육자가 신봉하는 구성주의는 그동안의 '주입식 암기교육'에 대한 반발로 생겨난 것이며, 들어보면 무척 이상적인 교육처럼 보인다.

새로운 지식은 이전의 지식과의 연결을 통해서 이루어지니 보다 능동적인 상호 간 의사소통을 통해서 보다 잘 이루어진다는 것이며 이 말에 필자도 동조한다. 그런데 TV토론이나 유튜브 등의 언론매체에 나오는 선생님 등 목소리를 높이는 사람들을 보면 대부분 구성주의 입장의 사람들밖에 없고, 이견이 없다는 것이 문제다. 구성주의 책에서 나오는 말을 앵무새같이 외워서 사회자도 패널도 모두 같은 말, 같은 의견으로 진행한다. 그런데 구성주의가 좋지 않은 결과를 내고 있는 상황에서 구성주의에 대한 신봉은 자칫 대한민국의 교육을 위험에 빠뜨리는 일이 될 것이다.

급변하는 세계에서 잘못된 교육은 국가경쟁력에 치명상을 입힐 수 있다. 이전의 학문중심주의 교육이 좋다는 말이 아니라 '사고(思考) 없는 내용은 무의미하고, 내용 없는 사고는 공허하다.'는 말로 대변하듯이 두 가지 교육이 모두 문제가 있다. 7차 교육개정이 1997년에 시작했으니 구성주의적 교육이 25년 정도 진행되어 왔지만, 큰 흐름으로 보면 아직 검증도 되지 않은 초기 단계의 학습이론에 불과하다. 교과서를 바꾼 뒤로 학생들의 실력이 더 좋아진 것인지 나빠진 것인지는 통계조차 없어서 알 수가 없다. 그러나 사실 필자가 현장에서 느끼는 바로는 학생들의 실력이 형편없이 낮아지고 있다는 것이다. 교과서 변화에 따른 학생들의 실력 비교를 대한민국은 한 번도 해본 적이 없다. 통계가 없다는 것은 잘못된 교육의 방향을 멈추거나 선회할 수 있는 브레이크나 운전대가 없다는 것과 같다. 또한 연구결과가 없으면 항상 목소리 큰 사람이 이긴다.

<u>첫째, 수학은 객관적인 진리가 있다고 믿는 학문이다.</u>

수학을 가르치는 수학교육자와 수학을 연구하는 수학자의 관점은 서로 다르다. 달라도 너무 다르니 독자는 꼭 구분해서 바라보아야 한다. 대부분의 수학교육자는 구성주의자들이고 수학자들은 플라톤주의자들이 많다. 세상에는 항상 옳고 단 하나뿐인 수학만이 존재한다는 수학철학을 플라토니즘이라 한다. 수학자들 중에는 많은 사람이 플라톤주의자이지만, 수학교육자들은 플라톤주의자는 거의 없고 자의 반 타의 반 구성주의에 물들어있다. 수학교육자는 수학의 정의나 개념을 스스로 발견할 수 있다고 생각한다. 그러나 수학자는 정의나 개념은 개인이 발견할 수 없고, 수학자가 하나하나 완전하게 체계를 세워가야 하는 학문이라고 생각한다. 따라서 플라토니즘과 구성주의는 서로 방향이 반대라서 타협하거나 공존할 수 없는 이론이다.

이 글을 보는 독자도 수학을 바라보는 두 갈래의 길 중 하나를 선택해야만 한다. 간단하게 일반인이 수학의 정의를 만들 수 있다고 생각하면 구성주의자이고, 수학의 정의는 수학자가 만들어야 한다면 플라톤주의자이다. 학부모들은 구성주의자인가? 아니면 플라톤주의자인가? 수학교육자들이 칼자루를 쥐고 있는 현실에서 현 수학의 방향을 바로 잡을 사람은 학부모밖에 없다.

학생들이 수학의 정의나 개념 등을 스스로 구성할 수 있다고 믿는다면, 천재수학자들이 수천 년 동안 수학을 발전시키고자 정의와 개념 등을 만든 일은 무의미하게 된다. 그러니 수학교육자와 생각이 다른 수학자들이 수학의 특성과 멀어지는 현 교육에 대해서 처음에는 목소리를 내었었다. 그러나 수학교육자들이 수학교육의 특수성을 인정하지 않는다고 반발하기도 하였고 수학교육과정도 바뀌어 잘 모른다. 게다가 하도 많이 바꿔서 되돌리기 어려운 지경이기에 체념하는 것도 같다. 더하기를 배우고 수십 년 동안 토론을 한다 해도 곱하기 만들어 내지 못하고, 직각삼각형을 놓고 천재들이 1년 내내 토론해도 피타고라스의 정리를 만들어 내지 못한다고 보아야 한다. 그런데 초중등의 학생들이 모여서 몇 달 토론하고 수학의 개념이나 원리에 접근할 수 있다고 생각하는 것은 어불성설이다. 그럼 어떻게 해야 할까? 그냥 곱하기의 개념, 피타고라스의 정리 등을 가르쳐야 한다. 다만 곱하기나 피타고라스의 정리 등을 배우고 나서 그것들을 사용하는 곳이 어디인지를 토론하는 것은 찬성이다. 많은 수학교육자들이 일상생활에서 수학이 쓰이는 상황을 찾아서 공부하라고 하고 교과서도 일상적인 상황과 연관된 문제를 제공한다.

일상생활에서 쓰이는 것을 찾는 이유는 수학의 쓰임새를 알기 위함이지, 수학의 개념, 원리, 법칙을 만들 수는 없다. 보통의 학생이 이상으로부터 일반화시켜 정의를 만들 수 있으리라는 발상이 신기하다. 구성주의가 갖는 생각이 틀렸다는 것이 아니라 그것이 수학에 적합하지 않다는 것이다. 객관적인 지식을 탐구하는 수학이 아니라, 주관성이 다분한 문학이나 음악, 미술 등 객관화가 어려운 과목은 구성주의가 좋아 보인다. 음악이나 미술과 같은 예술은 수천 년이 지나도 그 심미성이 쌓이지 않는다. 개인이 스스로 생각을 구성하여 얼마든지 수천 년 동안의 예술발전을 거슬러 갈 수도 있다고 본다. 그러나 수학은 수학자들이 수천 년 동안 발전시켜온 정의나 개념을 이해나 증명 등의 방법으로 습득하고 이것을 이용하여 문제를 풀어야 한다.

둘째, 구성주의는 철학이지 실천 원리가 아니다.

구성주의는 자신의 수학적 지식을 스스로 구성해야 한다는 생각으로 출발하였으니 결국 학습에 관한 철학이다. 대부분 수학교육자들이 신봉하지만, 철학이지 실천이론이 아니다. 쉽게 말해서 듣기에 좋아는 보이는데, 어떻게 해야 할지를 구체적으로는 잘 모르겠다는 것이다. 구성주의를 신봉하는 선생님들이 성과예측을 주장하지만, 점차 학생들의 실력이 떨어져 가는 것을 설명할 수 없다. 또한 이 수학학습이론이 좋다는 것을 수학이 아닌 다른 과목이나 이슈들을 통해서 뭉뚱그려서 설명하고자 한다. 게다가 교육소재가 부족하니 선생님들끼리 가르치는 방법을 공유하고자 노력하는 모습이 보인다. 현장경험들을 보면 소재 선정이나 결과가 초라하고, 아이들의 머릿속에 무언가 좋은 것이 들어갔을 거란 추측성의 말만을 나열한다. 선생님들의 노력을 폄하하려는 것이 아니라 원래 잘못된 수학이론이었음을 말하고자 하는 것이다.

셋째, '교육하기 좋은 소재'를 발굴하기 어렵다.

구성주의 수업의 효과를 위해서 '문제중심수업'이란 것을 한다. 문제중심수업이란 선생님이 자신의 경험을 통하거나 실생활과 밀접하며 좋은 문제라고 생각되는 것을 선택하고 학생에게 제시하고, 학생은 선생님이 제시한 문제를 모둠별로 대화와 토의를 통하여 합의해감으로써 문제를 해결하도록 하는 수업을 말한다.

문제중심수업을 하였더니 문제해결능력이 좋아졌다는 연구 데이터를 근거로 구성주의가 좋다고 말하는 것이다. 문제중심주의 수업은 필자가 보아도 좋은 수업의 하나이고 그 효과가 날 것이라는 데 이의가 없다. 그런데 평가라는 부분을 제외하고도 몇 가지 치명적인 단점이 있다.

첫째, 선생님이 실생활, 수학 그리고 특히 지금 배우는 단원과의 관련성을 모두 갖춘 소위 '교육하기 좋은 소재의 문제'를 찾기는 어렵다. 생각해봐야 하는 정도의 실생활문제는 거의 초중등의 범위에서 해결할 수 없는 것이 대부분이다. 그렇다고 교과부가 제공하는 것도 아니다. 게다가 선생님이 자신의 시간을 쪼개서 관련 연구자료나 인터넷을 통해 동료 선생님이 시행한 소재를 찾아봐도 거의 없다는 것이다.

둘째, 설사 좋은 교육소재를 찾아서 실행한다 해도 일회성에 그치고 지속성을 갖지 못하게 된다. 그러면 자칫 나쁜 교육소재로 인해 수업이 부실해지거나 시간의 부족 때문에 수업내용의 포기 내지는 제한을 가져올 수 있다.

셋째, 상대성과 유용성을 강조하고 있으나 기준이 명확하지 않으니 결국 '옳지 않은 지식'을 다룰 개연성이 있다.

넷째, 개별적이고 구체적인 지식을 일반화시키기가 어렵다.

많은 수학교육자들이 일상생활에서 수학을 탐구하면 마치 개념을 알아낼 수 있을 것처럼 말하는 것을 보는 경우가 있다. 일상생활로부터 수학의 개념을 발견하는 것은 불가능하다고 보아야 한다. 수학의 개념은 진리라고 했다. 수학의 정의는 유일하고 객관적이어야 하기에 일반인이 만들 수 없고 수학자가 만들어야 된다. 따라서 마치 학생이 스스로 발견한 것처럼 보이는 것조차도 아마 선생님이 알려준 것일 가능성이 높다. 필자도 일상생활에서 수학의 개념을 사용하고 그 의미를 살리라는 말을 많이 하는데, 그것은 개념을 얻으라는 것이 아니라 수학이라는 언어가 갖는 말하기, 듣기 부분을 강화시켜서 알려준 개념을 체화시키거나 유용성을 인식시키기 위함이다. 이것을 인지하지 못하고 초등수학교육과정의 목표에서부터 수학이라는 학문이 갖는 방향성을 잃은 것으로 보인다.

교육부가 정한 초등수학 교육과정의 3가지 목표 중의 첫 번째가 '생활 주변이나 사회 및 자연현상을 수학적으로 관찰, 분석, 조직, 표현하는 경험을 통하여 수학의 기본적인 기능과 개념, 원리, 법칙과 이들 사이의 관계를 이해하는 능력을 기른다.'이다. 이 말을 수학이라는 고정관념을 벗어나서 읽어보면 이것은 '과학의 목표'이다. 교육부가 구성주의에 빠져서 수학과 과학을 구분하지 못하고 있다는 생각이 든다. 내친김에 초등과학의 목표를 찾아보았다. '자연현상과 사물에 대하여 흥미와 호기심을 가지고 과학의 지식체계를 이해하며, 탐구방법을 습득하여 올바른 자연관을 가진다.'라고 되어있다. 수학을 과학의 일부 또는 동일한 것으로 인식하는 것 같다. 자연이나 일상에서 이루어지는 현상에서 패턴을 발견하고 일반화하여 수학의 공식으로 만들어야 비로소 끝나는 것이 과학이다. 이에 반해 수학은 수학자들이 만든 정의나 개념, 원리를 가지고 일상생활이나 자연, 문제해결 등에 논리적인 적용을 하는 학문이다. 그러니 수학과 과학의 공부 방향이 반대이다. 일상생활의 탐구를 통해서 수학을 발견하고 그 개념이나 공식을 만들어 낸다는 것은 수학을 과학으로 보는 것이다. 일반인이 과학자처럼 수학의 개념을 발견할 수 없으며, 만약 가능하다면 그 학생은 수학자가 아니라 과학자를 해야 한다.

'발견의 어려움'에 대한 사례를 든다. 많은 사람들이 사과가 떨어지는 것을 관찰하였다. 떨어지는 것이 아니라 사과를 지구가 당긴다고 보았다. 나아가 모든 물체는 서로 당기는 힘이 존재한다는 패턴을 발견하였다. 그 당기는 힘을 수학공식으로 만든 것이 '만유인력의 법칙(17세기 뉴튼이 발견)'이다. 어떤 특수한 물건이 지구에 떨어지는 것이 아니라 '모든 물건은 서로 당기는 힘이 있다'는 일반화를 이루어내기까지 뉴튼 개인으로는 역학을 20년간 연구한 결과이고, 인류에게는 수천 년이 걸린 일이었다. 이미 발견된 것이나 정리된 것을 보면 별거 아닌 것처럼 보이고, 단지 발상의 전환만으로도 가능한 것처럼 보일 수도 있을 것이다. 그래서 수학의 개념, 원리, 법칙을 일상생활의 수학적 탐구를 통하여 발견할 수 있을 거란 교과서의 발상을 한 것으로 보인다.

구성주의 이전의 교육에서 정의, 정리, 개념 등을 주입식으로 가르쳐서 잘못된 교육을 했다는 반성을 해야 마땅하고 그 반동이 필요하다는 것을 인정한다. 그러니 정의, 정리, 개념 등을 주입식이 아니라 학생들이 납득할 만한 다양한 방법으로 이해시키는 것이 필요해 보인다. 그런데, 구성주의 교육에서는 아예 정의, 정리, 개념 등을 가르치지 말고 아이들 스스로 발견하여 개념을 구성하게 하자고 주장한다. 일상생활의 특수한 것들을 관찰, 분석, 조직, 표현함으로써 연산도 기르고 개념, 원리, 법칙을 발견하여 지식으로 구성시키고 더 나아가 이들 사이의 관계를 이해하는 능력을 기르겠다는 목표를 교육부에서 하고 있다. 이 목표는 거창한 것이 아니라, 오히려 잘못된 것이고 불가능한 것이다. 그동안 교육부는 소리 소문도 없이 '열린교육'이라며 시행했다가 실패하였고, '스토리텔링'이라고 해서 실패한 적이 있었다. 열린교육이나 스토리텔링이 나빠서 실패한 것이 아니라 모두 '개별적이고 구체적 지식을 일반화시키겠다는 목표'에서 실패하였기 때문이며 구성주의가 같은 길을 가고 있다.

<u>다섯째, 모든 잘못을 선생님에게 돌릴 우려가 있다.</u>

아이들이 지식을 스스로 구성하도록 한다고 하였으니, 말대로 한다면 정의나 개념, 원리, 공식 등을 넣어서는 안 된다. 교과서에 넣고 발견하라고 할 수 없기 때문이다. 이 같은 이유로 교과서에 객관적인 지식이라고 할 수 있는 것들은 거의 대부분 빠졌기에 교과서만 보면 아무 내용이 없게 되었다. 그렇다면 그만큼 선생님이 학생들의 지식구성을 위해 도와주는 역할이 그만큼 커진 것이다.

선생님의 역할을 크게 살펴보면, 선생님은 우선 좋은 교육자료를 찾아서 제공해야 하고, 아이들의 지식을 구성하도록 하는 조력자의 역할을 해야 하며, 아이들 각자를 공정하게 그 과정을 평가하며, 게다가 상급기관에 형식에 맞는 보고서를 써야 하는 이 모든 일을 해야 한다. 이처럼 학생들이 중심이라고 하지만, 실질적으로 그 모든 것을 해야 하는 당사자는 선생님이다. 역으로 이 말은 선생님이 조력자의 역할을 잘하지 못한다면, 아이의 가장 중요한 초등수학교육을 망치게 된다. 구성주의는 선생님이 개념을 가르치는 것이 아니라 개념을 구성하도록 하는 조력자이어야 한다고 한다. 그런데 이 말은 직접 학생이 개념을 구성하라고 교과서에 정의나 개념을 넣지 않겠다는 말이고, 또 선생님은 모든 개념을 가지고 있다는 전제가 깔려 있는 것이다. 그런데 만일 선생님이 개념을 가지고 있지 않다면 어떻게 될까?

교과서는 배우는 학생도 봐야하지만, 가르치는 선생님도 보아야 한다. 수학의 정의와 개념을 익히는 데가 없으니, 선생님들이 개념을 익힐 수 없는 구조이다. 직접 가르치는 것보다도 조력자는 훨씬 더 개념이 튼튼해야만 가능한 것인데, 이렇게 되면 갈수록 선생님들의 개념이 부족해져서 무주공산이 될 가능성이 커진다. 초등수학을 대충 본다면 쉽게 느껴지겠지만, 오류 없이 짜임새 있게 초등수학의 개념을 모두 설명하는 것은 무척 어렵다. 게다가 수학은 기본이 중요해서 어릴수록 더 중요하다. 중고등학교에서 1~2년 정도의 공백은 얼마든지 따라갈 수 있지만, 부족부분을 채울 시기를 놓친 초등 저학년의 공백은 감당이 거의 불가능할 정도로 중요하다. 선생님이 아이들의 초등수학지식을 구성하게 하는데, 어려움을 짚어본다.

첫째, 앞서 얘기한 것처럼 '좋은 교육소재'를 찾기 어렵다.

둘째, 다양한 아이들의 의견을 수렴하여 올바른 개념으로 이끄는 것은 지도방법이라기보다 차라리 인격도야만큼이나 어렵다.

셋째, 선생님들도 용어의 정의와 개념을 배운 적이 없어서 알지 못한다.

넷째, 이상과 현실은 다르다고 결국 선생님의 학창시절에 배운 대로 가르친다.

다섯째, 선생님이 놀려고 마음먹는다면 형식에 맞게 보고서만 쓰면 되니, 이보다 더 이상 좋은 제도도 없다. 이런 어려움들 때문에 열심히 하겠다고 마음을 먹는다면 선생님의 일의 양이 너무 많고 무엇보다 아이들을 가르친 그 성과가 눈에 보이지 않는다.

지금까지 살펴본 대로 모든 것은 선생님의 일이고 책임이다. 만약 교육의 성과가 좋지 않다면, 구성주의 탓이 아니라 개별 선생님의 탓으로 돌린다. 모든 책임이 선생님들에게 돌아가는 순간, 구성주의는 면죄부를 얻게 된다.

여섯째, 논리력을 기르려는 수학에 창의력을 들이대는 것은 수학을 가르치지 말자는 것이다.

미국의 구성주의 교육을 신봉하는 대부분의 구성주의자들은 수학교육에 대하여 몇 가지 주장을 한다. 각각의 주장에 대한 반박을 해보겠다.

첫째, '앞으로는 인공지능이 대부분의 직업을 대체할 것이니 컴퓨터 검색만 해도 나오는 죽은 지식을 가르치지 마라. 컴퓨터에 대체되지 않는 창의적인 인재가 필요하다.'라고 말한다. 혹할만한 내용이고 일정 부분 맞는 말이라서 우려가 되는 것도 사실이다. 그런데 이것은 사회변화에 대한 얘기지 수학교육과 상관없는 문제인데, 왜 자꾸 수학교육에 이 문제를 갖다가 대는지 모르겠다. '수학이라는 과목도 사회변화와 분리되지 않는다.'고 주장해도 마찬가지다. 초중등의 수학교육은 국어의 '가나다라…'와 같은 기초를 배우는 시기다. 수학과 마찬가지로 국어에서도 '가나다라…'와 같은 죽은 지식을 가르치지 말자고 똑같이 주장한다면 진정성을 믿어보겠다. 수학 얘기는 아니지만, 앞으로의 사회를 우려하는 마음으로 한 마디 한다. 인터넷에서 검색하였을 때, 정작 필요한 고급정보는 주어지지 않으며 설사 있다고 하더라도 그것을 알아볼 수 있는 것은 죽은 지식을 가진 사람들이다. 새로운 지식이라는 것도 결국 죽은 지식으로 판단해야 하는 것을 간과한 것이라는 생각을 지울 수 없다. 또한 컴퓨터가 발달하는 추세로만 보면, 컴퓨터가 하지 못하는, 즉 인간만이 할 수 있는 영역은 존재하지 않는다. 창의적이라고 하는 것이 인간만이 갖는 특징이 아니며 컴퓨터도 얼마든지 인간보다 더 창의적일 수 있고 실제로도 그렇다. 결국 컴퓨터와 인간을 분리하여 겁주는 용도가 아니라, 컴퓨터가 인간을 돕는 수단으로 사용할 수 있도록 사회적 합의를 이끌어 내는 것이 더 중요하다고 생각한다.

둘째, 구성주의가 수학을 잘 못하게 한다는 비판에 대하여 구성주의자들은, '모든 학생이 수학을 잘할 필요는 없다, 정말 수학을 잘하고 싶은 사람은 대학에 가서 해도 된다.'고 말한다. 모든 학생이 잘할 필요가 없다는 것은 현실적으로 일부 머리 좋은 학생들만이 수학을 잘하게 해도 된다고 생각하는 것이다. 일부 머리 좋은 아이들만이 수학을 잘하게 한다는 말은 사실상 온 국민이 배우는 수학교육을 포기하겠다는 말이다. 수학 본연의 목적인 '논리적이고 성실한 사람을 만들려는 것'에도 위배되고, 수학을 잘해서 나중에 좋은 대학에 가겠다는 많은 학부모님들의 생각을 기만하는 것이다. 앞으로의 시대는 수학과 과학의 시대로 세계는 수학을 좀 더 가르치고자 노력을 하는데, 수학과 배치되는 창의력을 운운하며 역행하려 한다. 초중고에서 수학의 기초를 다지지 않았는데, 나중에 대학에 가서 수학을 잘 할 수 있다고 생각할 수는 없다. 수학의 기초를 튼튼히 하여 국가 발전의 원동력으로 삼아야 한다고 주장해도 시원치 않는데, 그 역행의 주장은 참으로 가슴을 답답하게 한다.

셋째, 초강대국인 미국 교육의 사례를 들면서 은연중 그들의 교육이 좋다는 듯 말한다. 미국은 초강대국이니 언뜻 그들의 교육이 최고인 듯이 생각할 수 있지만, 한 마디로 미국의 수학교육은 실패하였다. 수학교육이 실패하였다면 어떻게 IT부분에서 세계초일류의 국가가 될 수 있겠냐는 의문이 생긴다. 현재 미국은 전 세계의 인재를 블랙홀처럼 빨아들이고 활용하여 IT공룡기업들을 운영하기에 가능한 일이다. 미국의 구성주의 교육은 우리처럼 '창의력' 등을 강조하며 수학교육에 실패하였지만, 대신 전 세계를 상대로 돈을 벌 수 있는 창의적인 인재를 만들어 낼 수 있었다. 이 창의적인 아이디어를 구체적인 실체로 만들어 내는 것은 전세계로부터 온 인재들을 통해서 실현한다는 것이다. 미국의 자체 인력만으로는 절대 지금과 같은 결과를 이루어낼 수 없다. 만약 우리나라가 미국의 교육을 따라서 똑같이 아이디어만 강조하고 얕고 넓게 가르친다면, 미국과는 다르게 구체적으로 아이디어를 실현시킬 인재의 부족으로 아무것도 얻을 수 없게 된다. 미국의 교육을 그대로 우리나라에서 하면 안 된다. 한국이 세계로부터 미국처럼 인재를 빨아들일 수 있는 매력적인 나라가 된다면 창의적인 아이디어만 강조해도 되는 교육을 찬성하겠다.

일곱째, 수학만큼은 구성주의를 버리자.

객관적인 지식이 존재하며 이것을 선생님이 주체가 되어 가르쳐야 한다는 전통적인 교육에 대한 반발로 구성주의가 생겼고 이것이 현재 25년간 한국교육의 주류가 되고 있다. 전통교육이 주입식 교육이라서 아이들이 생각이 없으며 '생각 없는 지식은 무의미하다.'는 것이다. 구성주의는 객관적인 지식이라는 것은 존재하지 않으며 배우는 학습자가 스스로 지식을 구성해야 한다는 것이다. 따라서 선생님은 지식의 전수자가 아니라 학생들이 지식을 올바르게 지식을 구성할 수 있도록 도와주는 사람이어야 한다는 것이다.

구성주의는 전통적인 교육이 갖는 단점을 보완하겠다는 것이 아니라 교육의 패러다임을 바꿔야 한다고 주장한다. 신선하고 취지는 좋았지만, 구성주의 교육의 성공 여부는 '아이들이 지식을 구성할 수 있는가의 여부'에 달려있다. 아이들의 실력이 점차 떨어지는 것을 볼 때, 지식이 구성되지 않고 있다는 것이다. 그렇다면 '지식 없는 생각은 공허하다.'는 비난을 피할 수 없으며, 보완하지 않는다면 앞으로 더 심각해질 뿐이다. 필자의 눈에는 미국의 구성주의자들이 장악하고 있는 교육계에 소수의 유럽의 진보교육을 주장하는 사람들이 있는 것으로 보인다. 크게 보면 모두 구성주의라서 몇 가지 문제점을 안고 있다.

첫째, 완전성을 추구하는 수학과목에서 객관적인 지식이 존재한다는 믿음을 버릴 수 없다. 구성주의로 모든 과목을 가르치려고 할 것이 아니라 학문의 특성상 최소한 수학은 예외로 두었어야 한다. 수천 년 동안 천재인 수학자들이 조금씩 축적해온 정의나 개념 등을 학생들이 발견학습으로 만들어 낼 수 있다는 발상은 처음부터 무리였다.

둘째, 외국의 교육제도를 들여올 때는 제도뿐만 아니라 문화까지 바꾸어야 올바른 것이다. 미국이나 유럽의 아이들과 달리 우리나라는 초등 3학년 이후에 극단적으로 책을 읽지 않는 나라이다. 수학은 책이든 사람이든 남에게 배워야 하는 학문인데, 아이들이 책도 읽지 않는 상태에서 선생님도 알려주지 않는다면 아이들의 머릿속은 텅 빈 상태일 수밖에 없다. 텅 빈 머리의 학생들에게서 선생님들의 능력으로 무언가를 꺼낼 수 있다는 말에 신뢰가 가지 않는다. 수학이 아닌 다른 과목에서 구성주의를 실행한다 해도 학생들이 책 읽는 문화를 만들기가 선행되어야 한다. 국가는 풍성한 프로젝트의 과제를 수학교육자에게 제공하며, 학생들의 프로젝트 과제수행이 책을 읽지 않고는 할 수 없는 것이어야만 구성주의가 실현하고자 하는 것에 근접하게 될 것이다.

수학에서 전통적인 주입식 교육도 구성주의도 비판한다면 도대체 어떻게 하라는 말이냐 라는 독자의 푸념이 들리는 것 같다. 전통교육이 가르치는 사람 위주였다면, 구성주의는 학습자 중심이다. 학습의 기준을 교육자나 학습자로만 한정하지 말고 과목의 특성에 따른 분류를 추가하면 어떨까 생각한다. 음악, 미술과 같은 교육은 주관성이 강하여 구성주의로 가르치는 것이 일견 타당하지만, 수학과 같은 과목은 객관성이 뚜렷하여 구성주의로 가르쳐서는 목적달성을 할 수 없다. 크게 보면 어느 시대나 전통교육과 진보교육은 항상 존재해 왔고 그 중심추가 시계추처럼 왔다 갔다 한다. 지금은 중심추가 진보의 끝자락에 와 있어서 더 이상 진보의 방향으로 움직여 갈 수 없는 상황에 이르렀다.

책을 읽지 않는 것이 만연한 우리나라에서 구성주의교육은 학생 실력의 급격한 저하가 나타나는 것은 기정사실이다. 이미 초등학생의 실력이 바닥으로 치달았고 그것이 중학교의 실력추락으로 나타날 것인데, 스마트폰이나 코로나 등의 탓으로 덮여버렸다. 곧 몇 년 안에 국가 간의 실력 비교를 통해서 중고등학생들의 추락을 확인해야 비로소 잘못된 교육을 깨닫게 될 것이다. 역사는 항상 정,반,합의 과정을 겪어왔기에 시간이 가면 결국은 전통과 진보의 중간을 찾아서 오게 될 것이다. 그렇다고 당장 이 시대의 초중등의 학생이나 학부모들에게 이 긴 시간을 기다리라고 할 수는 없다. 초중학생 학부모는 구성주의가 지향하는 것을 통해서 초등 수학의 기본을 기를 수 없으니, 전통교육에서 강조하였던 연산과 개념을 사교육을 통해서 길러주고 '생각해야 하는 문제집'을 아이에게 제공해야 한다. 학교는 아이가 개념을 발견하고 구성하라는 교육이 아니라, 선생님이 가르친 개념이나 원리가 쓰이는 다양한 곳을 찾는 모둠활동으로 그 방향을 전환해서 지도하는 것이 맞다. 그렇게 되면 연산과 개념을 미리 기른 아이들만이 개념의 쓰임새를 찾아서 효과를 얻게 될 것이다. 이것은 교과서를 바꾸지 않는다는 전제하에 임시방편으로 말한 것이다. 수학자가 초중등 수학의 정의나 정리 등을 정의하고 이것을 수학교육자와 상의하여 교과서에 넣는 작업이 선행되어야 올바른 수학교육을 시작할 수 있을 것으로 보인다.

— <팁> 지금 수학교육에서 필요한 것은 심리학이 아니라 논리학이다.

7차 교육과정은 학생중심의 교육을 천명하고 있다. 수학선생님의 역할은 수학과 아이의 사이에서 균형을 갖추고, 수학의 개념을 아이에게 전달해 주는 역할을 해야 한다. 그런데 대놓고 학생들 쪽으로 가겠다고 한 것이다. 학생들의 옆에 가서 "뭐가 힘들어? 내가 도와줄게."라고 한다는 것이다. 선생님이 학생들을 이뻐하고 배려하겠다니 바람직해 보이기까지 하다. 그러나 학생들 쪽으로 갔다는 것은 균형을 버리고 수학에서 멀어졌다는 것을 의미한다. 한 번 가려고 하는 것이 어렵지 그 이후로는 일사천리다. 학생들의 편에서 학생들의 마음을 읽고 어떻게 하면 학생들이 어려움을 겪지 않고 할 수 있을까 하는 서비스 정신이 투철해진다. "뭘 도와줄까?", "이해됐어?", "이 문제가 어려우면 내가 쉽게 풀어줄게.", "더 쉬운 방법으로 풀어줄까?", "네가 계속 어렵다고 하니 교과서에서 아예 빼줄게." 등 선생님은 웨이터처럼 학생손님이 원하는 것은 뭐든 들어주었다. 학생들이 어렵다고 하니 지난 40년간 어려운 것들을 모두 덜어내 버렸다. 전체 수학의 분량을 30% 이상 줄였다고 하지만 어려운 것들을 덜어 버렸으니, 학습부담이라는 측면으로 보면 족히 50%는 줄어든 것 같다. 그러나 쉽다는 아이는 늘지 않고 수포자는 여전하다. 수학이 쉬워졌다고는 하나 학생들의 실력은 수학이 쉬워지는 것보다도 더 낮아지고 있기 때문이다.

방향이 잘못되었다. 어려운 학생을 중심으로 수학을 맞춰서 아무리 쉽게 설명한다 해도 그 아이가 수학을 잘할 가능성은 없다. 왜냐하면 학생에게 맞추어 주기 때문에 학생의 실력은 변화가 없는 것이다. 학생들의 실력을 바꿔서 수학의 특성에 맞추어야 한다. 수학의 특성은 변함이 없지만, 각 학생들의 특성은 천차만별이다. 학생들의 개성이나 특성에 맞춰서 가르치겠다는 것은 원래가 불가능했고, 설사 맞췄다 해도 아이의 수학 실력은 올라가지 않는다는 것이다. 물론 수학의 특성에 맞춰서 학생들이 변하는 것이 쉽지가 않다. 쉽지 않아도 수학의 특성을 받아들이고 수학적 사고력을 기르는 사람으로 변모하게 된다. 쉽지 않은 것을 도와주려고 바로 선생님이 존재하는 것이다. 지금도 교과서를 개편하려 하면 학습부담 얘기를 하며 계속 공부분량을 줄이자고 한다. 수학의 공부분량을 줄이면, 쉬워지는 것이 아니라 못 배우고 풀어야 하니 더 어려워진다.

학생중심주의에서 학문중심주의로 되돌아가야 한다. 선생님들이 학생중심을 깊이 있게 하려다 보니, 수학을 과학처럼 가르치거나 심리학적으로 접근을 하려는 듯이 보인다. 학생이 현재 어렵다는 등 어떻게 생각을 하는지에 관심을 두기보다는, 앞으로 어떻게 생각을 해야 하는지에 관심을 두어야 한다. 사실에 대한 문제와 앞으로 어떻게 해야 한다는 문제는 구별되어야 한다. 학생이 현재 어떻게 생각하느냐는 심리학이고, 앞으로 어떻게 생각해야 하는가라는 규범은 논리학의 영역이다. 심리학이 재미는 더 있지만, 우리가 수학에서 배우려는 것은 논리이고 비약적 변화이며 열정이고 집요함이다.

당신은 아이들의 올바른 수학교육을 위해 무엇을 하였나요?

epilogue

오래된 일이다. 예전에 미국에서 월남전 반대 시위를 하던 한 유명 가수가 인터뷰를 하면서, 〈나중에 시간이 지나고 아이들이 어른들에게 "참혹한 월남전 때, 부모님은 무엇을 하셨나요?"라고 물으면 뭐라고 대답할 건가요?〉라고 물었던 장면이 필자의 기억에 있다.

지난 70년간 수학교육의 제도를 외국으로부터 가져와서 시행을 한 결과 모두 실패하였다. 올바른 교육은 힘이 들더라도 보통의 아이들이 성공하는 길에 있다. 그러나 교육이 실패하면 항상 머리가 좋고 이미 집요하게 문제에 집중하는 아이들만이 잘하게 된다. 교육자들이 이런 아이로 만들 생각을 하지 않고 그런 아들만을 찾으러 다니는 듯 보인다. 지금 하는 것으로 볼 때, 아마도 이 상태가 당분간 지속되겠지만, 언젠가 올바른 수학교육이 많은 사람들에게 알려지게 될 것이다. 그렇게 된다면 누가 올바른 수학교육을 주장하였고, 누가 나쁜 교육을 주장하였는지가 드러나게 된다. 먼 훗날 이렇게 잘못된 수학교육이 판치고 있던 때, 자식이나 후세에게 여러분은 어떤 노력을 하였다고 떳떳하게 말할 수 있나요?

나중에도 아이들에게 떳떳한 수학교육은 무엇일까?

아이에게 최선을 다하라고 하셨나요? 그럼 역으로 자녀가 부모님이나 사회의 어른에게 올바른 수학공부 방법을 찾는데 최선을 다했냐고 묻는다면 부끄럽지 않을 자신이 있습니까? 요즘 자녀들이 세상 살기 어렵다고 자식을 낳지도 않을 뿐만 아니라 부모를 원망하는 경우도 있다고 한다. 혹시 자녀가 나중에 수학을 올바르게 가르치지 못해서 수학을 못하게 되었다고 원망하지는 않을까요?

필자도 아이에게 노력하라고 하기 전에 올바른 교육을 전달하려고 노력하였다. 지난 27년의 교육현장의 경험을 통해 한마디로 '올바른 교육'을 요약하면, '목표에서 눈을 떼지 않고 기본을 기르며 비약을 향해 끊임없이 몸부림을 치는 것'이다. 모든 위대한 인물은 이 과정을 거쳤다. 이 과정에서 목표를 잠시 잊는다든가 기본을 안 기른다거나 비약을 위해 학생이 노력하지 않는다면 성장의 한계를 갖게 된다. 수학교육도 위 원칙에 위배되지 않는다. 본문에서 수학교육의 정의를 내렸다. 이것이 옳다는 것은 아니지만, 필자가 오랫동안 고민한 것이니, 독자가 올바른 수학공부의 방법을 찾을 때까지만이라도 사용해 준다면 고맙겠다.

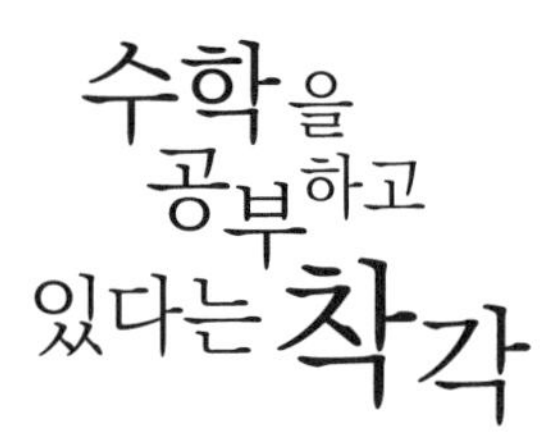

지은이 조안호
발행인 성계정

1판 1쇄 발행 2023년 01월 04일

이 책을 만든 사람들

책임기획 김민배
디자인 첫번째별디자인
교정 황현희

이 책을 함께 만든 사람들

제작및 인쇄 도서출판 북크림

펴낸곳 폴리버스
출판등록 2021년 10월 8일 제 2021-000050호
주소 대전광역시 서구 문정로 22, 4층 ㈜폴리버스
전화 042-639-7749
홈페이지 www.joanholab.com
문의 joanhocrew@gmail.com

ISBN 979-11-976207-2-0

도서출판 폴리버스는 성장하는 청소년들을 위한 지식과 지혜의 길을 만듭니다.
미래는 universe가 아닌 poliverse!